8? V
33992

AF257325

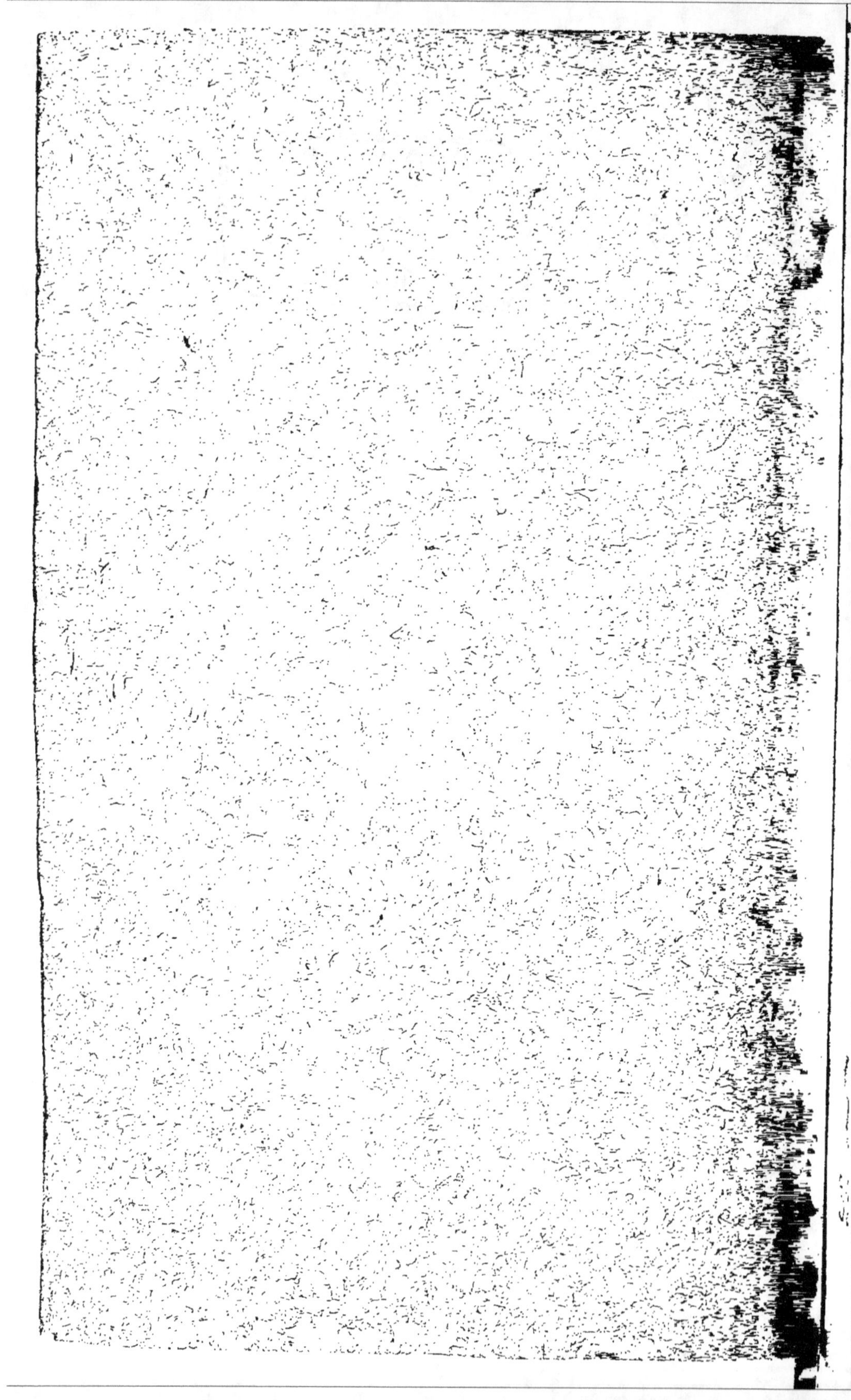

Agenda Aide-Mémoire

DE

MÉTALLURGIE

PAR

J. MALETTE, ✸ I, ⚜ MA, ✠.

Conducteur des Ponts et Chaussées.
Chimiste à l'Ecole nationale des Ponts et Chaussées,
Ancien professeur à l'Ecole spéciale des Travaux Publics.
Membre de la Société des Ingénieurs coloniaux.

J. LOUBAT & Cie
15, boulevard Saint-Martin
PARIS

Téléphone 285-21

RENSEIGNEMENTS GÉNÉRAUX [1]

Le fer considéré au point de vue chimique est un corps simple. Envisagé au point de vue industriel, c'est un métal qui comprend outre le fer, divers autres corps simples tels que le carbone, le phosphore, le soufre, le silicium, etc., qui en proportions assez faibles modifient pro-

(1) Indépendamment des travaux classiques, l'auteur du présent aide-mémoire a consulté les ouvrages suivants :

DE BILLY. — Fabrication de la fonte.

DESHAYES. — Le fer (Dictionnaire de Wurtz. Supplément).

HOWE. — La métallurgie de l'acier, 1894.

F. OSMOND. — Bulletin de la Société d'encouragement pour l'industrie nationale, 1895.

LEDEBUR. — Métallurgie du fer.

L. GAGES. — Essais des métaux. Théorie et pratique.

COMMISSION DES MÉTHODES D'ESSAI DES MATÉRIAUX DE CONSTRUCTION. Métaux, 1895-1900.

BABU. — La fabrication et le travail des aciers spéciaux, 1900.

L. GUILLET. — Les aciers spéciaux, 1904.

LEDEBUR. — Technologie métallurgique.

MUSSAT. — Cours de matériaux de construction de l'Ecole des Ponts et Chaussées. Métallurgie.

J. MALETTE. — Chimie et physique appliquées aux travaux publics.

E. HOSPITALIER. — Formulaire de l'électricien. Etc.

fondément ses propriétés. Indépendamment des éléments ci-dessus qui se rencontrent toujours dans les métaux ferreux industriels, il en est d'autres qui sont ajoutés à dessein dans le but de leur faire acquérir des propriétés spéciales ; ce sont par exemple, le chrome, le nickel, le tungstène, le vanadium, le titane, etc. Le fer est le terme initial d'une série de composés ferreux dont les suivants sont l'acier et la fonte.

Combustibles employés en métallurgie.

Bois. — Ce combustible, excellent pour produire des fers de qualité supérieure, n'est plus guère employé de nos jours en métallurgie. Il a cédé la place à des combustibles minéraux plus convenables pour la production intense aujourd'hui demandée aux usines sidérurgiques.

Tourbe. — Ce combustible n'est utilisé que quand il a perdu la majeure partie de son eau. La tourbe fraîche renferme souvent 80 0/0 d'eau, la tourbe séchée 25 0/0. Sa composition est la suivante :

Carbone	60 0/0
Hydrogène	6 —
Azote et Oxygène	34 —

Une tourbe est très pure quand elle ne contient que 1/2 pour 100 de cendres, très bonne avec 5 0/0, bonne ordinaire avec 10 0/0 et inutilisable à partir de 25 0/0.

Pouvoir calorifique de la tourbe (abstraction faite de l'eau et des cendres) : 5.300 calories.

Bois fossile. — Il a la structure du bois. Sa composition est celle-ci :

Carbone.	57 à 67 0/0
Hydrogène	6 à 5 —
Azote et Oxygène	37 à 28 —

Pouvoir calorifique (abstraction faite de l'eau et des

cendres) : 5.500 calories. Pratiquement, il ne faut guère compter que sur un pouvoir calorifique de 3.400 calories.

Proportion de cendres : 4 à 15 0/0.

Poids du mètre cube : 550 à 750 kilogrammes.

Lignite terreux. — Composition analogue à celle du bois fossile. Peu usité en métallurgie à cause des matières terreuses qu'il renferme.

Lignites. — Combustibles composés de débris végétaux de l'époque tertiaire. Ce sont ceux dont la formation est la plus récente. Ils présentent une cassure conchoïdale. Ils contiennent plus de carbone, et moins d'eau hygrométrique que les combustibles précédents ; aussi leur valeur commerciale est-elle plus grande. Leur couleur varie du brun au noir.

Composition :

Carbone.	65 à 75 0/0
Hydrogène.	6 à 4 —
Azote et Oxygène	29 à 21 —

Proportion d'eau hygrométrique : 10 0/0 au maximum.

Teneur en cendres : 3 à 30 0/0.

Ils renferment du soufre et des pyrites.

Le résidu fixe provenant de la calcination en vase clos représente 45 0/0 du poids initial de lignite sec.

Pouvoir calorifique (abstraction faite de l'eau hygrométrique et des cendres) : 7.000 à 8.000 calories. Pratiquement on compte sur 5.500 calories.

Houilles et anthracites. — Ce sont les combustibles métallurgiques les plus employés. Ces produits se rencontrent en masses considérables dans les terrains anciens et secondaires, principalement dans le terrain carbonifère.

La partie combustible de la houille comprend :

Carbone.	75 à 95 0/0
Hydrogène	5 1/2 à 2 —
Azote et Oxygène. . . .	19 1/2 à 3 —

La houille ne contient généralement pas plus de 5 0/0 d'eau hygrométrique.

Les bonnes houilles ont de 7 à 11 0/0 de cendres. Si elles en contiennent moins de 7 0/0, on les considère comme pures.

Composition des cendres :

Silice	50 0/0
Oxyde ferrique et alumine. .	(variable jusqu'à 45 0/0,
Chaux et anhydride phospho-	
rique.	(jusqu'à 3 0/0)
Acide sulfurique.	(variable)
Alcalis	(moins de 3 0 0).

On distingue généralement :

1° Les *houilles sèches à longue flamme* qui contiennent une proportion notable d'éléments volatils. Elles ont un faible rendement en coke et le résidu de la calcination conserve la forme primitive de la matière. Ce résidu n'est pas aggloméré ; les fragments sont désagrégés et fendillés en partie.

Composition élémentaire :

Carbone	75	à 80	0/0
Hydrogène	5 1/2	à 4 1/2	—
Azote et Oxygène . . .	19 1/2	à 15 1/2	—

Rendement à la distillation : 50 à 60 0/0.

Pouvoir calorifique (abstraction faite de l'eau hygrométrique et des cendres) : 8.000 à 8.500 calories.

Poids du mètre cube : 700 kilog.

2° Les *houilles grasses à longue flamme* dont les fragments changent de forme par la calcination ; elles se collent, se fondent et s'agglomèrent.

Composition élémentaire :

Carbone.	80	à 85 0/0
Hydrogène.	5,8	à 5 —
Azote et Oxygène	14,2	à 10 —

Rendement à la distillation : 60 à 68 0/0.

Pouvoir calorifique (abstraction faite de l'eau hygrométrique et des cendres) : 8.500 à 8.800 calories.

Poids du mètre cube : 700 à 750 kilogrammes.

3º Les *houilles grasses proprement dites* brûlant avec une flamme produisant moins de fumée que les précédentes. Elles fondent et se gonflent en dégageant du gaz. Elles conviennent à la fabrication du gaz d'éclairage (houille maréchale).

Composition élémentaire :

Carbone.	84 à 89	0/0
Hydrogène	5 à 5 1/2	—
Azote et Oxygène	11 à 5 1/2	—

Rendement à la distillation : 68 à 74 0/0.

Pouvoir calorifique (abstraction faite de l'eau hygrométrique et des cendres) : 8.800 à 9.300 calories.

Poids du mètre cube : 750 à 800 kilogrammes.

4º Les *houilles grasses à courte flamme* (houilles à coke) qui brûlent moins facilement en donnant une flamme courte plus éclairante et moins fumeuse.

Elles gonflent moins et collent moins que les houilles grasses proprement dites.

Composition élémentaire :

Carbone	88 à 92	0/0
Hydrogène	5 1/2 à 3 1/2	—
Azote et Oxygène . . .	6 1/2 à 4 1/2	—

Rendement à la distillation : 74 à 82 0/0.

Pouvoir calorifique (abstraction faite de l'eau hydrométrique et des cendres) : 9.300 à 9.600 calories.

5º Les *houilles anthraciteuses et anthracites* qui brûlent difficilement en donnant une flamme courte. Elles sont friables. Le résidu de la distillation n'est souvent qu'en poussière.

Composition élémentaire :

Carbone	90 à 95	0/0
Hydrogène	4 1/2 à 2	—
Azote et Oxygène . . .	5 1/2 à 3	—

Rendement à la distillation : 82 à 92 0/0.

Pouvoir calorifique (abstraction faite de l'eau hygrométrique et des cendres) : 200 à 99.500 calories.

Minerais de fer

Le fer natif (météorites) est peu répandu dans la nature.

On ne considère comme minerais de fer que les matières qui contiennent du fer facilement séparable par les procédés métallurgiques. Ainsi la pyrite arsénicale n'est pas un minerai de fer parce que le fer obtenu par traitement métallurgique contient toujours de l'arsenic, ce qui le rend inutilisable.

On ne se sert guère que de minerai contenant au moins 30 0/0 de fer métallique, sauf si on l'emploie comme fondant.

Les minerais de fer utilisés en sidérurgie sont :

Le *fer carbonaté spathique* (Fe CO^3). Il contient 48,2 0/0 de fer ce qui correspond à 61,9 d'oxyde ferreux. Il renferme souvent en proportions variables des carbonates de manganèse, de chaux et de magnésie au détriment d'une quantité correspondante d'oxyde ferreux. Il a une cassure à cristaux plus ou moins gros. Sa structure est compacte. Lorsqu'on le casse, il est blanc jaunâtre (minerai blanc, fer spathique vert) mais sous l'influence de l'humidité il devient foncé, brun ou noir-bleuâtre (minerai brun, bleu, fer spathique mûr). Le carbonate de manganèse qu'il contient le rend propre à la fabrication des fontes (Spiegel). On le désigne quelquefois sous le nom de minerai d'acier. Les gîtes français de minerais carbonatés houillers se trouvent dans les Alpes (Allevard, St-Georges), les Pyrénées, l'Aveyron, le Gard, l'Allier, la Loire).

Les minerais carbonatés sont cristallisés (sidérose, fer spathique, mine d'acier) ou amorphes (fer des houillères, fer carbonaté (lithoïde).

L'*hématite brune* ($2Fe^2O^3$, $3H^2O$). Ce minerai contient de l'eau de combinaison. Sa couleur varie du brun au noir. Sa composition est la suivante :

Fer	60	0/0
Eau	14 1/2	—

Il est très répandu dans la nature : il est d'aspect très différent. Il se réduit très facilement. Les éléments étrangers s'y trouvent en proportions très variables. On distingue l'hématite brune mamelonnée, l'hématite brune ordinaire, les minerais en grains et oolithiques et les minerais des marais.

Les principaux gîtes français sont dans le Périgord, dans les Pyrénées-Orientales et dans le Gard. On trouve des hématites brunes manganésifères dans les Pyrénées-Orientales (Thorrand, Sahors, Fillols). Il y a des minerais oolithiques en Lorraine, dans le Doubs (Laissey), en Saône-et-Loire (Mazenay), dans l'Ain (Villebois), dans l'Aveyron (Mondalazac).

L'*hématite rouge* (Fe^2O^3) dont la richesse est plus grande que celle du minerai précédent. Elle est de couleur noir rougeâtre ou rouge. Ce minerai prend des noms variés suivant sa nature : fer oligiste, fer spéculaire ou micacé, hématite rouge ordinaire, hématite rouge oolithique, mamelonnée ou fibreuse. Il contient généralement assez peu de phosphore. Il est d'une réduction facile, un peu moindre cependant que l'hématite brune.

Ses gîtes français sont dans l'Ardèche (Privas), l'Aveyron (Decazeville), les Pyrénées. Le *minerai magnétique* dont la formule variable se rapproche de Fe^3O^4. Il est noir ou noir verdâtre. Pulvérisé, il est toujours noir. Il possède des propriétés magnétiques : d'où son nom. Quoique cristallisant dans le système cubique, c'est plutôt sous la forme compacte ou grenue qu'on le trouve dans la terre soit en poches, en couches ou en masses couchées. Moins répandu que les hématites, il se rencontre néanmoins en gisements importants. A l'état pur, il renferme la plus grande quantité de fer de tous les minerais. Il contient très peu de phosphore. C'est avec ce minerai qu'on prépare les fers de Suède. Les composés étrangers qui se rencontrent le plus fréquemment alliés au fer dans ce minerai, sont : le calcaire, le quartz, les pyrites de fer, de cuivre, la pyrite arsénicale, la hornblende, la chlorite, le grenat, la blende, la galène et l'acide titanique.

Les gîtes français sont surtout ceux de l'Anjou (Segré), de la Provence, des Pyrénées (Puymorent), de l'Ariège, des Pyrénées-Orientales (Canigou).

Fondants.

L'addition de fondants aux minerais a pour but de scorifier les gangues de ces minerais. Leur choix est subordonné à l'opération que l'on a en vue.

Aux minerais très siliceux et très alumineux on ajoute des matières basiques qui donnent aux laitiers la fluidité qui leur manque. Ces matières basiques sont choisies parmi les fondants calcaires ou magnésiens. Le plus souvent, on se sert simplement de calcaire, de chaux vive ou de dolomie dont la magnésie se sépare pour s'incorporer au laitier. Le calcaire est le fondant qu'on se procure généralement à bon compte, ce qui a une grande importance puisque la quantité nécessaire peut atteindre 40 0/0 du poids du minerai.

Le calcaire pur ou carbonate de calcium ($CaCO_3$) contient 56 0/0 de chaux (CaO) et 44 0/0 de gaz carbonique (CO_2). Si on veut introduire 100 parties de chaux dans un haut-fourneau, il faut donc prendre 178,6 parties de calcaire pur. Le calcaire a d'autant moins de valeur qu'il contient moins de chaux et par suite plus de silice. Une analyse chimique s'impose donc quand on veut employer un minerai comme fondant d'autant plus qu'il y a nécessité de connaître la proportion de phosphore contenue qui fait rebuter le calcaire qui en contient trop comme le calcaire fossile, par exemple. Si, par contre, le calcaire est ferrugineux, il y a avantage à employer ce fondant dans une proportion déterminée. Le marbre est aussi un calcaire avantageux parce qu'il est souvent pur et, par conséquent, riche en chaux.

Si, au contraire, le minerai est de nature calcaire, les fondants précédents (castines) ne conviennent plus. Il faut se débarrasser de la chaux en excès qui empêche le laitier d'être fusible. On ajoute alors des matières siliceuses dont le choix dépend surtout des ressources du pays. Ce sont, le plus souvent, des schistes argileux. quelquefois du granit ou de la diabase ou encore des minerais siliceux.

Les matières constituant les lits de fusion sont d'abord concassées à l'aide de bocards, de cylindres horizontaux ou de concasseurs (concasseur Blake). Elles sont ensuite lavées dans des bacs ou passées dans des patouillets, des trommels ou des tambours.

Calcul du lit de fusion.

Plusieurs procédés peuvent être employés pour cette détermination.

Procédé stœchiométrique de Mrazek. — On désire obtenir un silicate d'indice i

$$i = \frac{o}{o'}$$

o étant le poids de l'oxygène des bases :
o' —   —   de la silice

On commence d'abord par analyser le minerai, le fondant et les cendres du combustible.

On calcule ensuite la quantité totale d'oxygène par unité de poids de chaque matière contenue dans les bases ($CaO + Al^2O^3 + MgO + MnO$) (1) passant dans le laitier, puis la quantité totale d'oxygène que renferme la silice.

---

(1) On suppose que la moitié du manganèse passe dans le laitier.

On détermine pour chaque matière première l'excès d'oxygène vénant des bases ou de la silice sur la quantité d'oxygène qui est nécessaire pour former le type du silicate que l'on a en vue :

On pose les équations suivantes :

$$\beta = B - \frac{1}{i} S$$

$$\sigma = S - iB$$

β étant l'excès d'oxygène ci-dessus s'il provient des bases ;

σ étant l'excès d'oxygène ci-dessus s'il provient de la silice.

Les équivalents stœchiométriques $\dfrac{1}{\beta}$ et $\dfrac{1}{\sigma}$ donnent les poids des matières qu'il convient d'ajouter pour avoir 1 0/0 d'oxygène en plus de ce qu'il faut pour arriver à constituer avec les seuls éléments de la matière le silicate adopté.

Le lit de fusion sera ainsi formé. On prendra pour chaque matière première un nombre d'équivalents tel que le rapport de la somme des équivalents basiques à la somme des équivalents acides soit égal à l'indice i.

Procédé de Platz. — Ce procédé est plus simple que le précédent. Il faut que le rapport entre la somme du poids des bases (CaO + MgO + MnO) et la somme des poids de la silice et de l'alumine (1) ait la valeur correspondante au laitier que l'on veut obtenir (le poids de la chaux qui correspond au sulfure de calcium du laitier est compté pour $\dfrac{3}{4}$ CaO = 1 CaS).

---

(1) Platz considère l'alumine comme une base à l'encontre de Mrazek qui la considère comme un acide jouant un rôle semblable à celui de la silice. Au point de vue du calcul du lit de fusion, cette divergence est sans importance pratique.

Voici les limites extrêmes généralement adoptées pour les laitiers :

	Fontes grises ou Thomas	Fontes rayonnées et blanches	Spiegeleisen
Silice	30 à 35 0/0	30 à 40 0/0	30 0/0
Alumine	15 à 10 —	10 à 5 —	10 —
Bases	50 à 55 —	60 à 55 —	55 à 45
Oxyde manganeux. .	"	"	5 à 15

Pour le calcul du lit de fusion, on peut aussi consulter les tableaux établis par M. Langdon.

Données pratiques. — La teneur *en fer* des charges du haut fourneau varie généralement de 24 à 44 0/0. Au-dessous de 20 0/0, le minerai ne s'emploie qu'à la condition que la gangue joue le rôle de fondant.

Un laitier de bonne composition est le suivant :

	Fonte ordinaire	Fonte de forge et de fonderie	Spiege-leisen
$CaO + MnO + MgO + FeO + KO$.	40 0/0	50 0/0	45 0/0
$SiO^2 + Al^2O^3 + S$	60 —	50 —	45 —

À un minerai calcaire, on ajoute de la bauxite (35 à 70 0/0 d'alumine), ou de l'argile (10 à 20 0/0 d'alumine et 40 à 70 0/0 de silice).

A un minerai alumineux, on ajoute du calcaire (à 56 0/0 de chaux) ou de la dolomie (46 0/0 de chaux et de la magnésie).

Charge de combustible par tonne de fonte
- Charbon de bois   600 à 1.200 kg.
- Coke . . . . . 1.000 à 1.600 —
- Houille . . . . 1.500 à 2.300 —

Composition de quelques laitiers.

	Minerais			
	Peu alumineux	Alumineux	Très alumineux	Spathiques
Silice	37	32 à 36	41	54 à 55
Chaux	50	36 à 38	34	23 à 24
Alumine	10	20 à 28	22	1 à 3
$MgO + MnO + FeO$, etc.	3	5 à 10	3	MgO .13 à 15 (autres bases) 1 à 4

Laitiers. Scories.

En France, on désigne sous le nom de *laitier* les matières résultant de la fusion au haut-fourneau des gangues de minerais, des cendres de combustibles et des fondants calcaires ou siliceux. On réserve le nom de *scories* aux produits accessoires des procédés d'affinage. Les laitiers ne sont pas des déchets à proprement parler, tandis que les scories riches en fer sont une source d'usure des appareils auxquels ils empruntent certains éléments.

Les Allemands et les Anglais désignent ces deux sous-produits sous le nom général de *scories* (*Schlack, slag*).

Le fer contenu dans les scories est à l'état d'oxyde ferreux ou magnétique. Sa teneur peut s'élever jusqu'à 70 0/0. En dehors du fer, on y trouve des éléments très oxydables comme le silicium, les métaux alcalins (jusqu'à 3 0/0), le magnésium, le calcium, l'aluminium (alumine), l'acide titanique, l'oxyde de manganèse, l'acide phosphorique, le soufre (jusqu'à 3 0/0).

L'air humide agit sur les laitiers et scories riches en soufre et en chaux, en produisant un dépôt de soufre et un dégagement d'hydrogène sulfuré.

Voici, d'après Ledebur, la composition d'un laitier de Zeltweg recouvert d'un dépôt de soufre cristallisé :

Silice	30,13
Alumine	13,21
Magnésie	7,78
Oxyde ferreux	0,26
Protoxyde de manganèse . .	2,44
Chaux	34,99
Sulfure de calcium	8,08

Les chlorures et les fluorures existent rarement dans les scories. D'ailleurs la scorie ne répond pas à une formule chimique définie, mais elle est formée de mélanges complexes dissous les uns dans les autres.

Les scories sont de trois sortes :

· Les scories *siliceuses* qui renferment plus de 20 0/0 de silice ;

Les scories *phosphatées* contenant beaucoup d'acide phosphorique ;

Les scories *basiques* dans lesquelles les oxydes de fer et de manganèse sont en plus grande proportion que dans les autres éléments.

Naturellement des scories intermédiaires se rencontrent et empruntent les éléments des unes et des autres scories ci-dessus désignées.

D'autre part, il est d'usage de distinguer :

Les scories *trisilicatées* dans lesquelles l'oxygène de la silice est trois fois celui des bases ;

Les scories *bisilicatées* dans lesquelles cette proportion est deux fois celle des bases ;

Les scories *sesquisilicatées* dans lesquelles cette proportion est de 1,5 pour 1.

Dans les *protosilicates* et les *singulosilicates* la teneur en oxygène des bases est la même que celle de la silice.

Il faut ajouter que toutes ces proportions ne sont jamais aussi simples dans les scories industrielles.

La température de fusion des scories a une importance considérable, mais il est malheureusement très difficile de la connaître. Plus le nombre des bases entrant dans la composition chimique est considérable, plus la température de fusion est basse. Le spath fluor et le chlorure de calcium rendent les laitiers plus fusibles.

Une scorie est grasse ou visqueuse quand elle se ramollit avant de fondre. Elle peut alors recevoir des empreintes et se laisser étirer en longs fils comme le verre. Les scories riches ou courtes sont très fluides ; elles passent rapidement de l'état solide à l'état liquide. L'oxyde ferreux et le protoxyde de manganèse rendent plus fluides les scories contenant de la silice, de la chaux, de l'alumine et de la magnésie.

La structure d'un laitier peut être vitreuse, pierreuse ou cristalline. Les scories très siliceuses sont vitreuses ; les scories alcalines sont pierreuses : les scories riches en oxyde ferreux et les laitiers sont cristallins.

Certains laitiers très calcaires et peu alumineux se désagrègent et se pulvérisent naturellement au moment de leur solidification. Ils contiennent, en général, 45 0/0 de bases non compris l'alumine. S'il y a beaucoup de magnésie pour peu de chaux, cette désagrégation ne se produit pas.

La couleur des laitiers et des scories est très variable,

Il y en a qui sont blancs, bleus, verts, violets, rouges, noirs, etc., mais la couleur la plus fréquente est le vert ou le noir. Cela dépend de la composition chimique. Cette couleur peut d'ailleurs varier de la surface au centre ainsi qu'en témoignent les analyses suivantes (Ledebur) faites sur une scorie de four Martin.

	Parties vertes refroidies brusquement	Parties noires refroidies lentement
Silice	48,03	48,10
Alumine.	1,60	1,85
Oxyde ferreux.	16,23	16,66
Oxyde de manganèse. . .	31,53	31,67
Chaux	n. d.	1,08

Les laitiers blancs ne contiennent ni fer ni manganèse, les laitiers riches en oxyde ferreux sont bleus. L'oxyde ferrique les rend noirs : les oxydes ferreux et de manganèse les rendent vert-jaunâtres, etc.

Le poids spécifique des scories et des laitiers est lié à la composition chimique. S'il y a beaucoup d'oxydes métalliques, ils sont lourds (poids spécifique allant jusqu'à 5). S'ils sont terreux ou alcalino terreux ils sont beaucoup plus légers (poids spécifique : 2,5 à 3).

Matériaux réfractaires
utilisés dans la construction des fours.

Le choix des matériaux réfractaires devant servir à l'édification des fours sidérurgiques dépend de la température et des actions chimiques auxquelles doivent résister ou satisfaire ces matériaux. Ils ne doivent pas contenir d'oxydes de fer et de manganèse ni d'alcalis en proportion notable.

La silice pure est infusible. Par conséquent, les matériaux soit naturels, soit artificiels qui contiennent le plus de silice sont utilisables comme matériaux réfractaires à la condition toutefois de ne pas se trouver en contact avec des corps sur lesquels ils peuvent exercer une action chimique. Les matériaux siliceux ne conviennent pas, par contre, aux revêtements qui, à température élevée, sont en contact avec des alcalis, des oxydes de fer ou de manganèse.

Les matériaux réfractaires à base de quartz comprennent :

Les *grès* qui conviennent pour les fours au bois et pour les appareils dont les parois ne se trouvent pas en contact avec des scories basiques qui finiraient par dissoudre le quartz.

Les *poudingues*;

Les *schistes siliceux* ;

Les *granits* (SiO^2 72 0/0 + Al^2O^3 16 0/0 + Fe + CaO + Mgo + alcalis) employés quand la température n'est pas très élevée.

Les *ganisters* (quartz + Al^2O^3 + FeO 1 à 7 0/0) utilisés dans les convertisseurs Bessemer. On les mélange avec un peu d'argile et d'eau pour leur donner de la cohésion. (Pour les convertisseurs, on emploie aussi les sables siliceux presque purs).

Les *briques Dinas* (Glamorganshire) composées de quartz que l'on additionne de 1 0/0 de chaux vive et d'eau. Elles renferment 96 0/0 de silice.

L'alumine pure est infusible. Les silicates d'alumine ou argile peuvent donc aussi servir à la construction des fours. A cette catégorie de matériaux réfractaires appartiennent :

Les *argiles* qui, lorsqu'elles sont pures, constituent des matériaux réfractaires de premier choix.

Les *briques de bauxite* (pays de Baux, près d'Arles) fabriquées avec une roche composée d'alumine hydratée mêlée à des éléments étrangers. En France, on trouve des gisements de bauxite (Var, Hérault, Bouches-du-Rhône, Ariège) dont la composition moyenne est de 45 à 85 0/0 d'alumine, 1 à 15 0/0 de silice, 4 à 14 0/0 d'oxyde ferrique et de l'eau. L'inconvénient de ces briques consiste dans leur retrait à température élevée.

Les *briques argileuses* et *pisés*.

Voici quelques analyses d'argiles réfractaires (Bischof) :

	Silice combinée	Alumine	Sable	Terres oxyde de fer alcalis	Perte au feu
Argile réfractaire de Saarau .	38,94	36,30	4,90	1,26	17,78
— — de Bohême	40,53	38,54	5,15	2,04	13,00
Argile moyennement réfractaire du Palatinat.	39,05	35,05	8,01	6,75	10,51
Argile peu réfractaire de Siegen	30,71	28,05	27,61	4,75	8,66

Pour corriger le retrait qui résulte de la température on incorpore à l'argile des substances pulvérisées infusibles comme l'argile réfractaire cuite, le quartz, le graphite, le coke ou le charbon de bois.

Il existe aussi des matières réfractaires basiques qui servent de garnissage de fours comme l'oxyde de fer, les battitures, certains minerais, le fer chromé (1) (7 à 65 0/0 d'oxyde chromique ; 1 à 56 0/0 d'alumine ; 14 à 43 0/0 de fer ; 7 à 24 0/0 de magnésie).

____

(1) En réalité le fer chromé doit être considéré plutôt comme une matière neutre.

On fait aussi des briques avec du fer chromé broyé auquel on ajoute de la chaux ou du goudron. On emploie encore des matières réfractaires à base de chaux et de magnésie ou un mélange de ces deux oxydes ou encore la dolomie (45 0/0 d'acide carbonique, 30 0/0 de chaux, 20 0/0 de magnésie, 1 à 20 0/0 de silice. un peu d'oxyde de fer et de matières étrangères).

Composition d'une chaux employée comme matière réfractaire.

Chaux.	30,12
Magnésie	19,21
Silice	1,35
Alumine.	2,05
Oxyde de fer	0,26
Acide carbonique	44,97
Eau	2,00
Matières non dosées et pertes	0,04
	100,00

Les *briques au carbone* (graphite ou coke) auquel on incorpore du goudron sont aussi des matériaux réfractaires.

Quelle que soit la nature de ces matériaux réfractaires, on réunit les briques entre elles à l'aide d'un mortier formé des mêmes matières qu'elles mais pulvérisées et mélangées avec un liant approprié.

Classification des produits ferreux.

Le fer, l'acier et la fonte sont les trois termes de la série des métaux ferreux.

Le premier terme, le fer, contient assez peu de carbone. Si la proportion de ce métalloïde augmente on obtient l'acier à composition croissante comme le fer lui-même d'ailleurs. Si cette proportion augmente encore on passe à la fonte qui peut contenir jusqu'à 4,6 0/0 de carbone.

En dehors du fer qui constitue leur partie essentielle, ces composés contiennent des métalloïdes et des métaux en faible quantité, il est vrai, mais dont la présence est néanmoins suffisante pour modifier profondément leur nature. Les corps simples que l'on rencontre le plus souvent dans ces produits sont : le carbone, le silicium, le soufre, le phosphore, le manganèse et plus rarement le nickel, le chrome, le tungstène, le molybdène, le vanadium, etc. Ces derniers corps sont ajoutés à dessein dans le but d'obtenir des produits spéciaux à certains usages.

Le fer usuel contient assez peu de carbone. Il se divise commercialement en plusieurs qualités numérotées de 1 à 7, le fer le plus grossier portant le n° 1 (voir le tableau de classification des fers).

Au point de vue de la dureté, l'acier se divise en acier très dur, dur, mi-dur, mi-doux, doux, très doux soudable, extra-doux soudant (voir le tableau de classification des aciers).

L'acier présente une résistance beaucoup plus grande que celle du fer. Il a son point de fusion vers 1400°. Il se soude à lui-même. Sa caractéristique est de pouvoir prendre la trempe, c'est-à-dire d'acquérir une plus grande dureté lorsqu'après avoir été chauffé, il est brusquement refroidi dans un bain d'eau ou d'huile.

Le métal contenant plus de 1,5 0/0 et moins de 2,5 0/0 de carbone est un produit inutilisable en raison du peu de résistance qu'il présente et de la facilité avec laquelle il casse ; on l'appelle *acier sauvage*.

La fonte forme le troisième et dernier terme de la série des métaux ferreux. Elle se divise en fonte blanche, fonte truitée et fonte grise. Sa résistance est bien moindre que celle des fers et des aciers puisqu'elle n'est que de 1 5 kilogrammes par millimètre carré. Elle fond vers 1200°.

FABRICATION DE LA FONTE

Appareils employés. Hauts fourneaux, machines soufflantes. Récupérateurs.

Les appareils employés pour la fabrication de la fonte dérivent de deux types. Dans les uns les matières sont en contact direct avec les combustibles ; dans les autres les matières sont renfermées en vase clos.

Hauts fourneaux. — Les hauts fourneaux appartiennent au premier type.

Pour fabriquer de la fonte, on part du minerai de fer que l'on réduit d'abord en fer métallique, lequel passe ensuite à l'état de fonte par suite d'une carburation au contact du charbon.

Le revêtement intérieur du fourneau est constitué par des matériaux réfractaires. Les tuyères en nombre variable mais impair (3 à 13) sont à circulation d'eau. On les fabrique en tôle, en fonte ou en bronze ; on leur donne une épaisseur d'au moins 11 millimètres. Les tuyères consomment 620 ou 1550 litres d'eau par minute, suivant qu'elles desservent un haut fourneau au bois ou au coke.

La tympe a son arête inférieure au niveau des tuyères ou un peu au-dessus ou au-dessous suivant la fluidité des laitiers.

La dame doit s'arrêter à 0 m. 05 ou 0 m. 08 au-dessous
du niveau des tuyères et a sa face intérieure réglée à 60°.

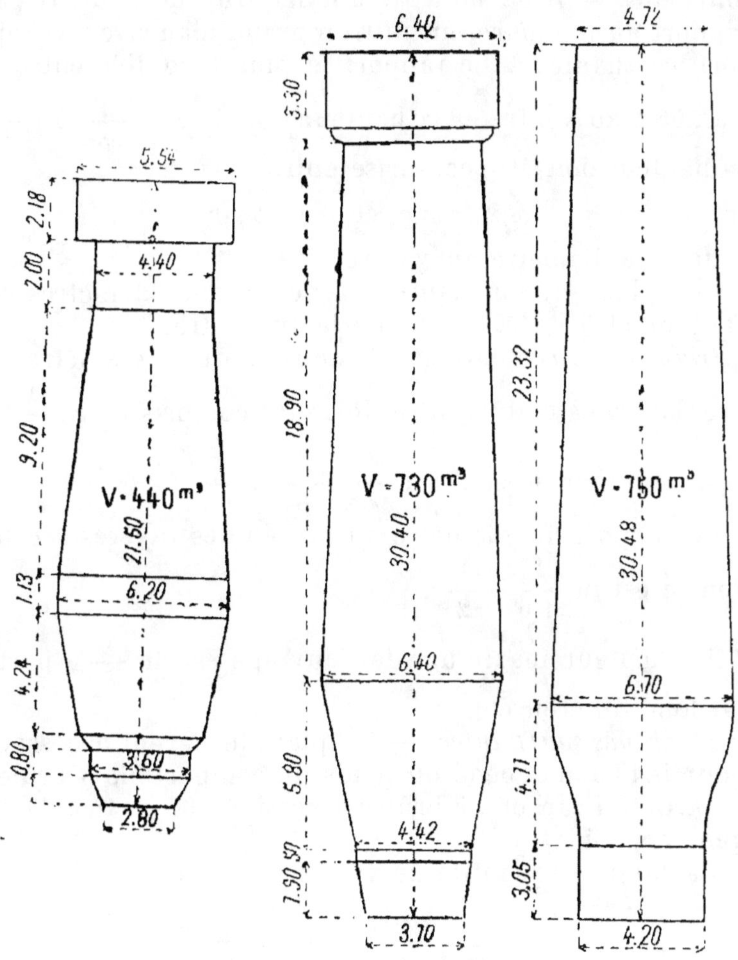

Fig. 1. — Profils de quelques hauts fourneaux.

On trouve fig. 1 trois profils de hauts fourneaux **avec**
leurs caractéristiques (d'après **M. Valton**).

Capacité | européens (modernes) 300 à 600 m³
des hauts-fourneaux (du Cleveland . . . 750 m³

Proportion entre le diamètre et la hauteur d'un haut fourneau. — Il ne faut pas donner trop de hauteur par rapport au diamètre, ni un trop grand diamètre par rapport à la hauteur. Le rapport le plus favorable entre le diamètre au ventre et la hauteur doit être de $\dfrac{1}{3}$ à $\dfrac{1}{4,5}$.

La hauteur doit être comprise entre

$$3,2 \times v \quad \text{et} \quad 3,6 \times v$$

v étant le diamètre au ventre.

Les plus grands hauts fourneaux ont 32 mètres de hauteur et 9 m. 50 de diamètre au ventre.

Diamètre au gueulard. — Le rapport du diamètre du gueulard à celui du ventre doit être compris entre $\dfrac{1}{4}$ et $\dfrac{1}{2}$. On emploie souvent $\dfrac{3}{4}$, $\dfrac{5}{6}$ et $\dfrac{1}{1,4}$.

Le rapport du diamètre au niveau des tuyères à celui ventre est de $\dfrac{1}{1,6}$ à $\dfrac{1}{2}$.

La hauteur maximum de l'ouvrage est de $\dfrac{1}{8}$ à partir du fond du creuset.

Machines soufflantes. — La quantité de vent nécessaire pour la fusion dépend du poids du combustible à brûler. 1 partie du carbone à brûler nécessite 2,67 parties d'oxygène en poids.

Calcul de la quantité de vent :

$$Q = \frac{Ap}{1440} \times 4,5 = \frac{Ap}{320}$$

A étant la quantité de combustible consommée par 24 heures exprimée en kilogrammes,

p sa teneur en carbone,

Q le volume de l'air soufflé par minute.

Il faut 4,5 mètres cubes d'air pour transformer en oxyde de carbone 1 kilogramme de carbone.

Formule en fonction de la surface et de la vitesse du piston :

$$Q = 0,7 \ FG$$

Q étant le volume d'air lancé en moyenne par minute dans le haut fourneau,

F la surface du piston soufflant en mètres carrés,

G la vitesse de ce piston en mètres par minute.

Autre formule :

$$Q = 18.740 \ f\lambda \ d^2 \ \sqrt{h_1 - h_2} \ \text{mètres cubes.}$$

Q étant le volume de vent écoulé en une minute par chaque buse et ramené à 0 et à la pression barométrique,

h_1 la pression indiquée par le manomètre et exprimée par la hauteur d'une colonne de mercure, en mètres,

h_2 la pression qui existe dans le fourneau devant les tuyères, exprimée de la même façon,

d le diamètre de de la buse en mètres,

f un coefficient de correction dépendant de la température t_1 du vent et de la hauteur b du baromètre,

λ un coefficient de correction provenant de ce que la température du vent varie avec la pression.

Les valeurs de f et de λ sont données aux tableaux de la page suivante.

. Les types de machines soufflantes sont variables.

Les souffleries horizontales ont souvent deux cylindres soufflants et les axes des cylindres à vapeur sont horizontaux. Elles présentent l'avantage d'être faciles à surveiller.

Les souffleries à balancier sont plus anciennes. On les emploie encore à cause de leur stabilité, de leur résistance et de la course plus grande qu'on peut donner aux pistons.

2

Valeurs de f.

$b + h_2$ en mètres de mercure	Température du vent en 0° centigrades		
	300°	400°	500°
0,80	0,70	0,65	0,60
0,90	0,75	0,69	0,64
1,00	0,79	0,73	0,68
1,10	0,82	0,76	0,71
1,20	0,86	0,80	0,74
1,30	0,90	0,83	0,77

Valeurs de λ.

$b + h_2$ en mètres de mercure	$h_1 - h_2$ en mètres de mercure				
	0,1	0,5	1,0	1,5	2,0
0,80	1,00	0,98	0,96	0,94	0,92
1,00	1,00	0,98	0,97	0,95	0,94
1,30	1,00	0,99	0,98	0,96	0,95

Les souffleries de Seraing ont leur cylindre soufflant supporté par un bâti reposant sur des colonnes en fonte. Les souffleries de Cleveland sont verticales à action directe et à volants. Le cylindre à vent et celui à vapeur sont l'un au-dessus de l'autre ; ils sont supportés par des colonnes. Ces machines soufflantes sont à 1, 2 ou 3 cylindres soufflants.

Les régulateurs faisant l'office de volant et destinés à régulariser le débit du vent pour éviter les à-coups sont des réservoirs dont la capacité varie suivant le nombre de cylindres que comportent les machines soufflantes. Cette capacité est d'environ 60 fois le volume du vent injecté par seconde. S'il y a une conduite maîtresse de 1 m. 50 au moins de diamètre les régulateurs sont inutiles.

Récupérateurs. — Les appareils à air chaud ou récupérateurs appartiennent en général au type Whitwell ou au type Cowper.

Dans le type Whitwell (fig. 2) le cylindre extérieur en tôle est recouvert intérieurement d'une chemise en briques réfractaires. L'enceinte est divisée en plusieurs compartiments par des cloisons peu épaisses de briques réfractaires.

Les gaz chauds venant du gueulard pénètrent dans le premier compartiment et après plusieurs détours sortent par une cheminée d'appel à grand tirage. Quand la masse a été ainsi portée au rouge, ce qui se produit au bout d'une ou de deux heures, on fait passer, en sens inverse, le vent d'une machine soufflante.

Cet air, parcourant toutes les chambres de plus en plus chaudes, arrive à une haute température et, en cet état, est injecté dans l'ouvrage par les tuyères.

Pendant ce temps un récupérateur semblable est réchauffé, de sorte qu'en changeant la direction de l'entrée et de la sortie des gaz on arrive à avoir un appareil pouvant produire de l'air chaud d'une façon continue. On dit, suivant le cas, que le récupérateur est alternativement *au gaz* ou *au vent*.

Le type Cowper (fig. 3) consiste surtout en une tour divisée en deux parties par une cloison. Dans l'une des parties, les gaz chauds et l'air se réunissent, puis passent dans l'autre partie constituée par des briques perforées qui emmagasinent la chaleur.

Cette chaleur est utilisée à la façon de l'appareil Whitwell, c'est-à-dire qu'on fait passer de l'air en sens inverse avant de l'envoyer aux tuyères.

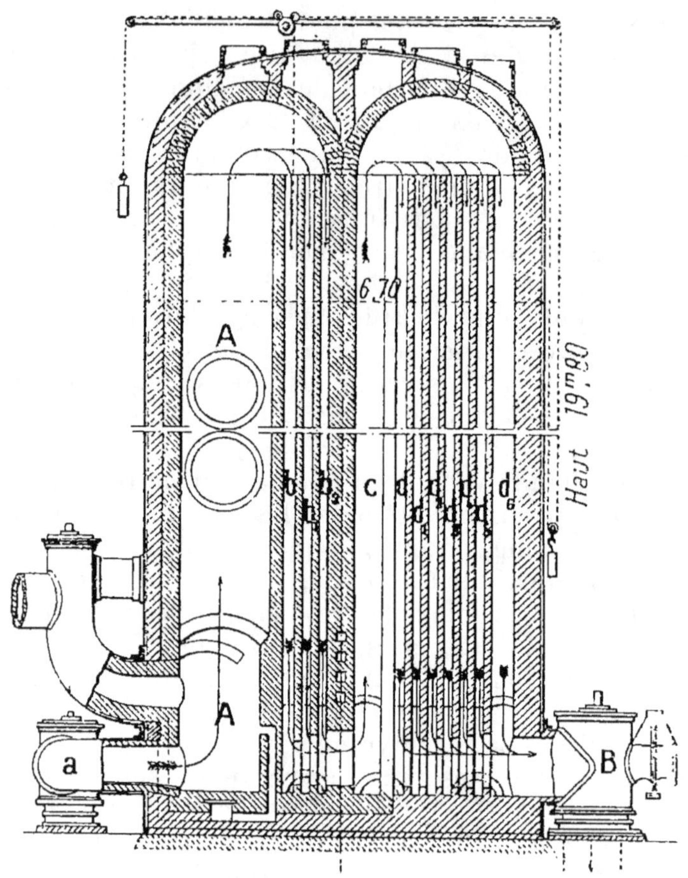

Fig. 2. — Appareil Whitwell fonctionnant en chauffage (1).

a. Arrivée des gaz combustibles ;   A. Chambre de combustion ;
b. Parcours des gaz de combustion ; B. Issue des gaz se dirigeant
vers la cheminée.

(1) Figures extraites du cours de l'École des Ponts et Chaussées.

Le récupérateur marche alternativement à l'air chaud puis à l'air froid.

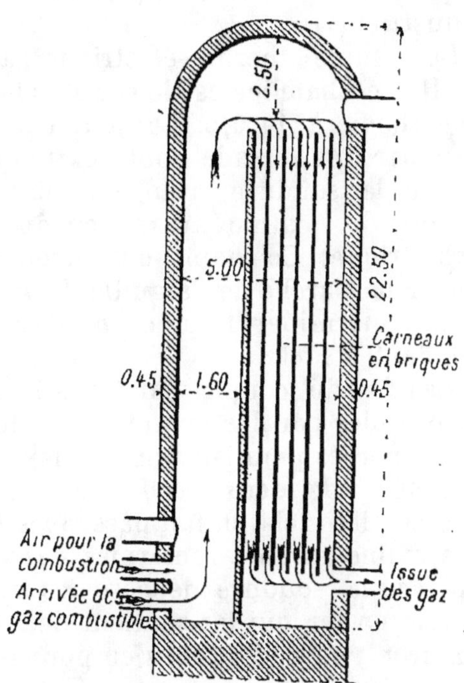

Fig. 3. — Appareil Cowper.

La vitesse du vent dans les tuyaux de conduite et de distribution en tôle ou en fonte doit être de 10 à 15 mètres par seconde. Elle est donnée pour le vent chaud par la formule :

$$V_1 = V (1 + 0{,}00366\, t).$$

La pression du vent se lit sur un manomètre métallique analogue à ceux des chaudières à vapeur.

La température se détermine au moyen d'un pyromètre comme le pyromètre thermo-électrique de M. Le Chatelier par exemple.

Voici, d'après MM. Le Chatelier et Boudouard, la description et le mode d'emploi de ce pyromètre industriel (1) :

Fig. 4.
Couple
thermo-
électrique

Le couple thermo-électrique adopté par **M. H.** Le Chatelier est le couple platine et platine rhodié à 10 0/0. La jonction des fils est faite par une torsade dont l'extrémité est soudée à la soudure autogène obtenue par la fusion du platine au moyen du chalumeau oxhydrique. Ce point de fusion permet de régler la marche de l'aiguille du galvanomètre et de déterminer le point de l'échelle correspondant à 1780°.

Les fils du couple sur toute leur longueur sont isolés par des cylindres en terre réfractaire, percés parallèlement dans le sens de la longueur de deux trous de 1 millimètre à travers lesquels on fait passer les fils (fig. 4) ; ces cylindres sont renfermés dans une canne en fer ; la soudure dépasse les isolants et la canne en fer qui les soutient de 5 centimètres environ ; de petits tubes en porcelaine servent à protéger cette soudure.

L'autre extrémité de la canne en fer porte une poignée en bois sur laquelle se trouvent extérieurement les bornes de prise de courant et intérieurement deux pinces qui limitent la longueur du couple ainsi que deux poulies sur chacune desquelles est enroulée une longueur supplémentaire de fils du couple, ce qui permet d'en faire sortir une nouvelle quantité en cas d'avarie de la soudure.

Lorsque le couple thermo-électrique doit être placé à

---

(1) *Mesure des températures élevées*, par H. Le Chatelier et Boudouard (Notice de M. Pellin).

demeure dans un courant d'air chaud, on le dispose de
la manière suivante.

La soudure, les fils du couple isolés par une torsade
d'amiante sont placés dans un tube en fer A (fig. 5) fermé

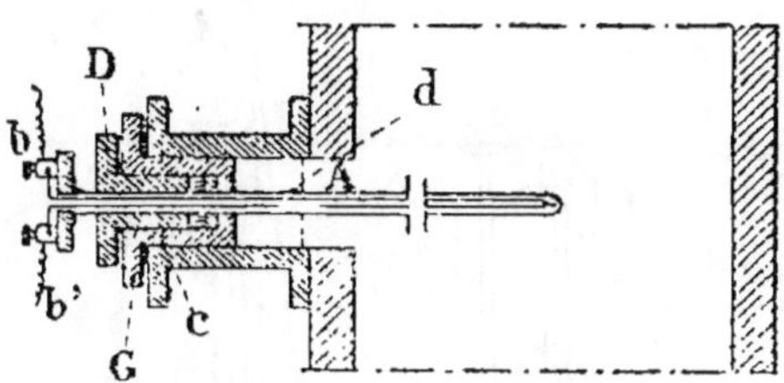

Fig. 5. — Dispositif employé pour l'introduction du couple dans
une enceinte chauffée.

à une de ses extrémités de manière à éviter toute action
oxydante ou réductrice ; ce tube porte à une distance
convenable du côté de l'extrémité ouverte une bague en
fer qui est maintenue dans un presse-étoupe C qu'on peut
fileter extérieurement et fixer sur la tubulure filetée D
de la conduite d'air chaud.

Les extrémités du couple constituant les pôles sont
réunies à deux bornes *bb'* mises en communication avec
un câble aux bornes du galvanomètre.

On peut disposer ainsi un certain nombre de couples
en divers points d'une conduite d'air chaud et les réunir
successivement au moyen d'un commutateur au galvanomètre, pour connaître les températures aux divers
points correspondants de la conduite.

Le galvanomètre pyrométrique se compose d'un grand
aimant A en acier au tungstène (fig. 6) ayant la forme
d'un fer à cheval monté sur un bâti rectangulaire BB' qui
est disposé pour être accroché au mur ou posé sur une
table ; des vis calantes *vv'* assurent la verticalité et l'horizontalité de l'appareil dont le contrôle est fait par un
niveau circulaire *n* fixé sur l'appareil.

La partie supérieure de l'aimant porte un trou lisse

dans lequel se meut un manchon à bouton moleté C percé en son centre d'un trou fileté, dans lequel tourne la tige d'un deuxième bouton D, qui porte à sa partie

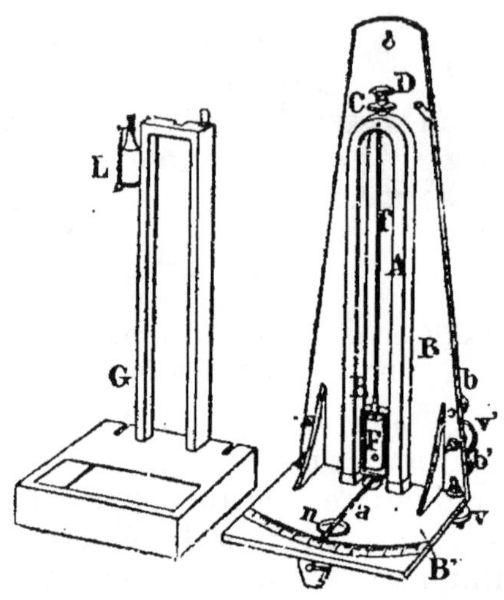

Fig. 6. — Galvanomètre pyrométrique H. Le Chatelier.

inférieure un crochet auquel est fixé et soudé un long fil de platine f de $\frac{1}{10}$ de millimètre laminé méplat à $\frac{2}{100}$ de millimètre ; ce fil qui est en communication avec la masse et qui constitue un pôle, sert de support à un cadre mobile, constitué par un enroulement de fils de maillechort de $\frac{2}{10}$ de millimètre ; il sert également de conducteur étant réuni à l'une des extrémités de la bobine au fil de maillechort. L'autre extrémité du fil du cadre est reliée à une spirale en platine de $\frac{1}{20}$ de millimè-tre, logée dans l'intérieur d'un cylindre en fer doux F pour éviter les variations de température. Ce fer doux, isolé de la masse, est en communication avec une borne également isolée, constituant le second pôle de l'appareil.

L'intervalle qui sépare le cadre mobile des branches de l'aimant, d'une part, et du noyau central de fer doux, de l'autre, est assez grand pour éviter tout frottement accidentel qui s'opposerait au libre mouvement du cadre.

Le cadre tend, sous l'action du courant du couple, à se mettre dans un plan perpendiculaire à celui de l'aimant, la torsion du fil de suspension s'oppose en partie à l'action du courant et ce cadre s'arrête dans une position d'équilibre qui dépend de la force du courant et de la valeur du couple de torsion.

Une aiguille *a* en aluminium, fixée à la partie inférieure du cadre, se meut devant une division de 0 à 180 et peut indiquer la température de 0° à 1000° ou de 0° à 1.800° pour la course totale de l'échelle suivant que les fils du couple sont reliés aux bornes 1. 2. ou 1. 3.

Un cadre à glaces G se place sur le galvanomètre une fois qu'il est réglé, de manière à protéger l'aiguille *a* contre les courants d'air.

Une petite lampe L facilite la lecture des divisions de l'échelle.

Réglage. — Régler l'horizontalité ou la verticalité de l'appareil, selon qu'il est posé sur une table ou accroché à un mur, en agissant sur les vis calantes *vv′* de la platine horizontale ou verticale, de manière à ce que la bulle d'air du niveau *n* soit bien centrée.

Rendre l'équipage libre en dévissant le bouton (invisible sur la figure et qui se trouve sous la platine horizontale B′), s'assurer directement en l'absence de frottement du cadre, en donnant une légère secousse à l'appareil, l'aiguille *a* doit prendre et conserver longtemps un léger mouvement d'oscillation dans le sens de sa longueur ; des oscillations transversales s'arrêtant rapidement indiquent un frottement du cadre, dans ce cas vérifier à nouveau la position de la bulle d'air du niveau.

Amener l'aiguille au zéro de l'échelle au moyen du

bouton C qui tourne à centre dans un logement pratiqué à la partie supérieure de l'aimant.

Ne pas toucher au bouton D qui dans ce mouvement est entraîné par le bouton C.

La hauteur de l'équipage et par conséquent de l'aiguille *a* est réglée par le constructeur de la manière suivante :

On maintient fixe le bouton D (qui porte une tige filetée à l'extrémité de laquelle est fixé le fil de suspension) ; on tourne le bouton C dans un sens ou dans l'autre pour monter ou descendre l'équipage et on s'arrête lorsque l'aiguille qu'il porte à sa partie inférieure est le plus près possible de l'arc divisé, sans toutefois le toucher ; on vérifie, comme il est dit plus haut, l'absence de tout frottement, qui dans ce cas serait produit par l'aiguille trop baissée.

Cette hauteur étant réglée par le constructeur on ne doit donc toucher au bouton D que lorsqu'on remplace le fil de suspension.

Pour remplacer le fil de suspension on opère de la manière suivante : on cale l'équipage en vissant le bouton situé sous la platine horizontale B', on descend la tige qui porte le crochet de suspension, en agissant directement sur le bouton D, puis on couche l'appareil, on coupe le fil de suspension à la longueur convenable, on en enroule les deux extrémités sur les crochets de la tige filetée et du cadre E et on fait tomber un grain de soudure d'étain avec un petit fer à souder.

On redresse l'appareil, on décale le cadre, on règle la hauteur de l'aiguille comme il est dit plus haut.

Ce galvanomètre porte trois bornes, ce qui permet d'envoyer dans la bobine du cadre de suspension le courant direct donné par le couple platine et platine rhodié à 10.0/0 en le faisant ou en ne le faisant pas passer dans une bobine de résistance placée derrière la platine verticale B.

Le fil de platine doit toujours être attaché à la borne

nº 1 et le fil platine rhodié à la borne nº 2 ou à la borne nº 3 suivant les cas.

L'appareil qui vient d'être décrit a été complété en vue d'en faire un galvanomètre enregistreur. Ce nouvel appareil porte un mouvement d'horlogerie avec échappement à ancre et un tambour en aluminium recouvert d'un papier pour l'enregistrement (fig. 7).

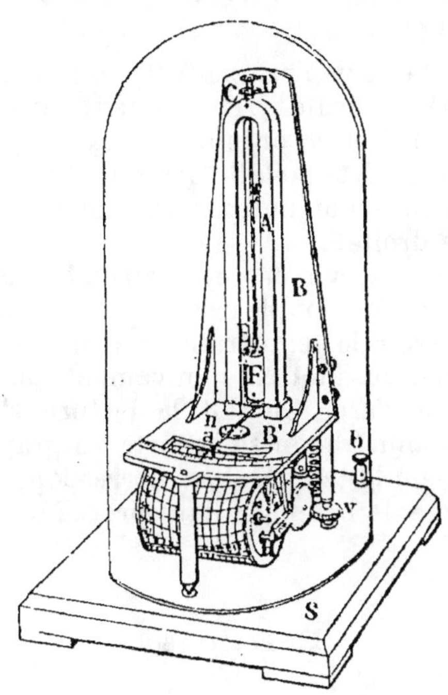

Fig. 7. — Galvanomètre pyrométrique enregistreur.

Ce galvanomètre peut aussi fonctionner comme instrument à lecture directe.

Pour étalonner l'un ou l'autre de ces galvanomètres on se sert des points d'ébullition et de fusion des corps suivants et on note pour chacun la déviation de l'aiguille :

Ébullition de l'eau.	100°
— de la naphtaline.	218°
Fusion du zinc	420°
Ébullition du soufre	445°
Fusion de l'aluminium	655°
Fusion du chlorure de sodium	800°
Ébullition du zinc	930°
Fusion de l'or	1.035°
— du cuivre	1.085°
— du platine	1.780°

Sur une feuille de papier quadrillée on porte en abscisses des longueurs égales représentant les divisions de l'échelle de 0 à 180 et en ordonnées des longueurs égales aux températures des métalloïdes ou métaux observés ; on réunit les points obtenus par une courbe qui est sensiblement une droite.

La façon de se servir de cet instrument est très simple. La soudure du couple est placée à l'endroit précis dont on veut avoir la température. L'aiguille du galvanomètre se met aussitôt en mouvement puis s'arrête à une division de l'arc. On fait la lecture s'il s'agit du premier galvanomètre, on se reporte au graphique et on a immédiatement la température correspondante.

Si l'on change de couple, il faut procéder à un nouvel étalonnage.

Réactions.

Marche ascendante. — Le carbone de l'ouvrage se combine avec l'oxygène de l'air et se transforme en gaz carbonique au voisinage des tuyères. Le gaz carbonique en s'élevant rencontre le charbon incandescent qui le réduit en oxyde de carbone. Dans la cuve l'oxyde de carbone trouve le minerai porté au rouge et le réduit en repassant lui-même à l'état de gaz carbonique.

Les analyses de gaz puisées à diverses hauteurs montrent que l'on rencontre de la tuyère au gueulard du gaz carbonique, de l'oxyde de carbone, de l'azote et de l'hydrogène. Voici ces proportions :

Nature des gaz	Voisinage de la tuyère	Au ventre	Au milieu de la cuve	Au gueulard
Anhydride carbonique. .	8, 11	0, 17	0, 68	7, 15
Oxyde de carbone . . .	16, 53	34, 01	35, 12	23, 37
Hydrogène	0, 26	1, 45	1, 48	2, 06
Azote	75, 10	64, 37	62, 72	67, 42

Schœffel, de son côté, a trouvé les résultats suivants :

Profondeur à laquelle le gaz a été recueilli au-dessous du gueulard	Volumes de					Dans un volume de gaz contenant 100 gr. d'azote		$\frac{CO^2}{CO}$
	CO^2	CO	CH^4	H	Az	O du lit de fusion	Vapeur de carbone	
Au gueulard. .	13, 96	24, 44	0, 34	1, 85	55, 42	19, 5	34, 6	0,57
A 4ᵐ40 en dessous	14, 64	26, 30	»	8, 20	50, 86	26, 7	40, 2	0,55
A 9ᵐ10 —	12, 78	28, 57	0, 20	2, 84	56, 23	20, 3	36, 8	0,44
A 10ᵐ70 —	7, 92	29, 01	»	2, 31	60, 76	9, 2	30, 4	0,27
Région des tuyèr.	2, 07	33, 72	0, 06	1, 39	62, 63	2. 7	28, 5	0,06

Des analyses faites par Rinmann sur des gaz extraits à diverses hauteurs et en divers points d'un haut-fourneau suédois ont donné :

Haut. des prises au-dessus des tuyères	Proportions en volumes									
	Près des parois					Près de l'axe				
	Az	CO_2	CO	H	CH_4	Az	CO_2	CO	H	CH_4
10ᵐ09	58,80	11,20	25,50	3,60	0,90	»	»	»	»	»
6 97	61,90	4,90	30,75	2,45	»	61,00	8,75	26,65	3,50	0,10
4 38	65,45	1,10	32,35	1,10	»	»	»	»	»	»
2 15	68,80	4,20	26,30	0,70	»	64,05	2,35	33,05	0,55	»

Les gaz combustibles sortant du gueulard sont utilisés par les récupérateurs.

Marche descendante. — En descendant, la charge (minerai + fondant + combustible) va se déshydratant. L'eau contenue dans cette charge se dégage à l'état de vapeur. La masse s'échauffant de plus en plus au fur et a mesure de la descente finit par atteindre le rouge sombre dans la partie inférieure de la cuve, puis le rouge vif. Le minerai d'abord réduit passe à l'état de fer lequel, arrivé dans les étalages, se recarbure pour former la fonte tandis que la gangue devient un silicate double d'aluminium et de calcium.

Les diverses phases de réaction se lisent nettement sur la figure ci contre qui montre la marche descendante des matières solide dans les zones de calcination, de réduction, de carburation et de fusion.

Quant aux températures atteintes en divers points d'un

haut-fourneau elles sont très variables non seulement suivant l'axe vertical du four, mais encore dans un même plan horizontal. Wiebner donne les chiffres suivants

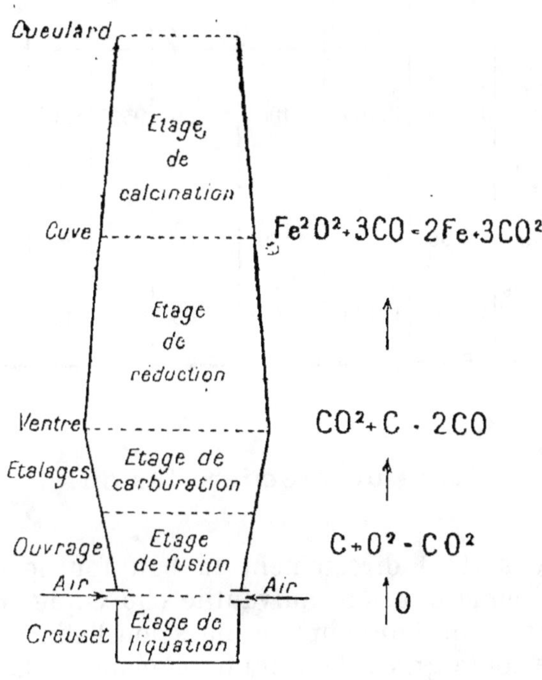

Fig. 8. — Etages d'un haut-fourneau.

pour un haut-fourneau de Gleiwitz ayant 13 m. 60 de hauteur entre les tuyères et le gueulard et une capacité de 215^{m3} la température du vent lancé étant de 357°.

	Au niveau des tuyères	A						Au gueulard
		0ᵐ44	1ᵐ47	5ᵐ54	7ᵐ64	9ᵐ83	12ᵐ03	
		au-dessus des tuyères						
Au milieu du fourneau .	1.300°	1.400°	1.400°	1.200°	955°	850°	680°	140°
A moitié de distance entre l'axe et les parois.	1.500	1.500	1.300	1.000	700	725	732	140
Contre les parois . .	1 600	1.400	1.400	1.400	900	815	575	290

Fonte de première fusion.

La fonte sortant directement du haut fourneau est la fonte de première fusion. Suivant le choix que l'on a fait des minerais que l'on emploie, ou selon l'allure du four, on a de la fonte grise, de la fonte blanche ou de la fonte truitée.

Pour la fonte grise, il n'est pas nécessaire d'avoir des laitiers très réfractaires.

La composition des laitiers des fourneaux au bois marchant en fonte grise varie dans les limites suivantes :

Silice	45 à 65 0/0
Alumine	10 à 5 —
Bases	45 à 30 —

La composition des laitiers de fonte grise pour des fours au coke est :

Silice . . . . 30 à 35 0/0
Alumine . . . . . . 15 à 10 —
Bases . . . . 50 à 55 —

Pour obtenir de la fonte blanche, il faut éviter la production de silicium qui a une tendance à faire cristalliser le carbone. On y arrive en conservant une température peu élevée dans la zone de fusion, en augmentant le lit de fusion et en donnant moins de chaleur au vent (400° ou 600°).

Voici la composition des laitiers de fontes blanches ordinaires :

	Hauts fourneaux	
	à charbon de bois	au coke
Silice	45 à 50 0/0	30 à 40 0 0
Alumine	10 à 5 —	10 à 5 —
Bases	45 à 50 —	60 à 55 —

La fonte spéculaire ou spiegeleisen s'obtient en partant du fer spathique grillé mélangé d'hématite brune et rouge maganésifère. Il ne faut pas qu'il existe de phosphore dans ces minerais.

La composition des laitiers de spiegel se renferme dans les proportions ci-après :

Silice 30 0/0
Alumine . . . . 10 —
Protoxyde de manganèse. . . 5 à 15 0/0
•Chaux et magnésie . . . . 55 à 45 —

Fonte de deuxième fusion.

Fonte au creuset. — Les creusets sont en argile réfractaire mélangée de graphite. Leur capacité est variable.

D'après Muller, de la fonte blanche refondue trois fois dans des creusets de graphite et d'argile, a donné à l'analyse la composition suivante :

	C	Si	Mn
Avant la 1ʳᵉ fusion.	3,59	0,07	2,04
Après la 1ʳᵉ fusion au creuset	3,71	0,57	1,91
— 2ᵉ — . . .	3,77	0,76	1,85
— 3ᵉ —	3,63	1,07	1,86

Boussingault a trouvé les différences suivantes en opérant sur une autre fonte blanche :

	C	Si	Mn	P	S
Avant la fusion au creuset	3,80	0,42	2,58	0,07	0,10
Après la fusion au creuset. . . .	3,44	0,66	1,75	0,08	0,02

Four à réverbère. — Les caractéristiques du four à réverbère sont les suivantes :

Surface de la sole du four de l'autel au rampant :
0 m² 50 à 1 m² par tonne de fonte.

Longueur de la sole : 3 mètres à 4 mètres.

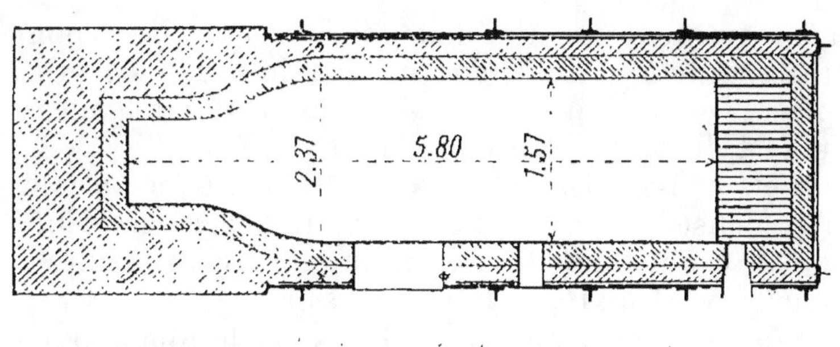

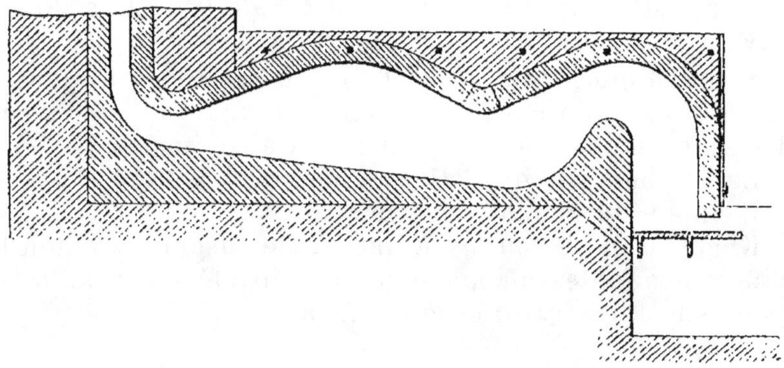

Fig. 9. — Four à réverbère (1).

Surface de grille : 1/3 de celle de la sole.

Section libre au-dessus de l'autel : 0,5 ou 0,7 de la surface de la grille.

Section du rampant : 1/9 ou 1/10 de la surface de la grille.

Section de cheminée dans la partie la plus resserrée : 1/5 de la surface de la grille.

Hauteur de la cheminée : 25 mètres.

---

(1) Figure extraite du cours de l'Ecole des Ponts et Chaussées.

Consommation de la houille : 350 à 1.000 kgs par tonne de fonte.

Déchet de fusion : 5 à 8 0/0 du poids de la fonte chargée.

On a rarement recours aux fours à réverbère pour fondre la fonte à moins qu'on ne veuille couler de grosses pièces contenant peu de silicium et de manganèse. On se sert de préférence de cubilots.

Cubilot. — Dans les cubilots, il faut employer un combustible dense, donner de la vitesse au gaz, réserver une section de 0 m² 70 par tonne de fonte fondue à l'heure et envoyer le vent divisé à faible pression.

La somme des sections des orifices par lesquels arrive le vent est comprise entre 1/8 et 1/4 de la section de la cuve.

Si on emploie du coke à 10 0/0 de cendres, on ajoute 150 à 200 kg. de castine. On fond 20 kg. de fonte avec 1 kg. de coke (5 0/0) ; on peut même aller jusqu'à 10 0/0.

Les déchets par oxydation varient de 3 à 6 0/0.

L'emploi du cubilot est général.

Kneppen qui a soumis à une seule fusion au cubilot différentes fontes manganésées a constaté les modifications suivantes avant et après fusion :

Nature des fontes	Avant la fusion			Après la fusion		
	Mn	C	Si	Mn	C	Si
Fonte spéculaire.	14.81	3,98	0,14	8,91	4,13	0,50
—	14,98	4,48	0,12	11,06	4,60	0,42
—	14,93	3,63	0,33	12,03	3,67	0,41
Fonte Bessemer grise . . .	3,67	4.58	2,27	2,58	4.67	2,44

La proportion de phosphore ne diminue pas par une deuxième fusion au cubilot si le revêtement intérieur et siliceux. Au contraire, il a une tendance à augmenter puisque la quantité de matière en résultant est moins considérable. Scheffer et Müller ont trouvé les chiffres ci-après :

	Carbone total	Graphite	Si	Mn	P	S
Fonte avant la fusion	3,89	3,61	2,97	0,71	0,68	0,024
— refondue 6 fois . . .	3,56	2.64	1,65	0.35	0,75	0.056

Voici d'autres analyses faites sur une fonte Thomas, c'est-à-dire très phosphoreuse avec courant de gaz oxydant :

	C	Si	P	Mn	S
Avant la fusion au cubilot	3,32	0,60	1,59	1,70	0,06
Après la fusion au cubilot	3,11	0,37	1,40	1,19	n. d.

La scorie qui se forme dans la fusion au cubilot comprend les éléments oxydés de la fonte, des cendres du combustible, du calcaire et des matériaux du revêtement.

3.

Scories de cubilots (Ledebur, Fischer, Schilling).

	1	2	3	4	5	6	7
Silice.	60,05	56,04	55,01	50,77	55,15	37,05	37,55
Alumine	16,00	11,55	11,61	13,24	6,74	11,08	9,48
Oxyde ferreux . .	4,61	15,34	14,91	18,52	9,14	1,59	9,64
Protoxyde de mang.	8,29	4,02	1,06	3,58	6,78	14,09	18,68
Chaux.	6,29	9,74	15,05	12,75	18,78	29,64	18,54
Magnésie. . . .	0,25	0,51	0,49	0,75	n.d.	0,79	0,74
Calcium	0,41	0,21	0,28	»	0,29	1,98	0,88
Soufre.	0,33	0,17	0,22	»	0,23	1,58	0,70
Anhydride phosph.	»	»	»	»	»	0,10	3,20

Déphosphoration de la fonte. — En mélangeant à de la fonte liquide des matières très riches en oxyde de fer (battitures, scories d'affinage ou de minerais) à température élevée, le phosphore s'élimine avec la scorie.

Analyses faites sur des fontes déphosphorées (Holley).

	C	Si	P	S	Mn	Cu
Fonte de l'usine de Phœnix. .	3,30	0,39	0,74	0,09	2,32	0,14
4 minutes après le chargement.	3,27	0,02	0,16	0,02	0,04	0,15
5 1/2 — — .	3,27	0,01	0,14	0,02	0,12	0,14
7 — —	3,32	0,02	0,10	0,03	0,06	0,14

Une fonte d'Ilsède a donné après traitement :

	C	Si	P	Mn
Avant traitement . . .	2,50	0,25	2,92	2,61
Après traitement . . .	2,40	traces	0,80	traces

Fonte malléable.

Cette fonte se fabrique en affinant les objets moulés dans une matière oxydante par un chauffage au rouge.

Ce procédé ne peut donc guère être employé que pour des objets d'assez petites dimensions comme les outils de serrurerie et de quincaillerie. Les creusets dans lesquels on les met reçoivent une addition de minerai ocreux et de battiture ; la température est maintenue uniforme pendant 4 à 5 jours.

On arrive de cette façon à décarburer la fonte sur une faible épaisseur et à la transformer en un produit intermédiaire entre le fer et l'acier.

Propriétés des fontes.

Classification des fontes d'après le grain et la couleur examinés sur la cassure.

N° 1. Très gros grains, larges facettes, couleur noire.

N° 2. Gros grains, couleur noire.

N° 3. Grains moyens, couleur gris noir.

— 48 —

N° 4. Grain fin, serré, couleur grise.

N° 5. Truité
{ gris,
blanc,
grenu.

N° 6. Blanc
{ grenu,
rayonné,
rubané,
spéculaire.

Classification des fontes d'après la couleur seulement.
Fontes grises,
Fontes truitées,
Fontes blanches.

Fonte grise. — La fonte grise doit sa couleur au graphite incorporé mais non combiné dans sa masse. S'il y a peu de graphite, on n'observe qu'une surface mouchetée. La couleur grise ou noire n'est pas une indication absolue de la pureté des fontes. Le silicium y est généralement en proportion notable. On trouve en outre un peu de soufre, de phosphore, d'arsenic et parfois des traces de titane. Le carbone s'observe sous deux états différents, une partie sous forme de carbure de fer, l'autre partie sous forme de paillettes noires et très brillantes de graphite. On réduit très difficilemnt la fonte grise en poudre fine dans un mortier ; on la lime facilement.

Fonte truitée. — La fonte truitée présente à la cassure des mouches presque noires disséminées avec assez de régularité dans la masse métallique, d'une couleur plus claire que la fonte grise, mais d'une composition chimique sensiblement égale. Elle est fournie par un minerai de bonne qualité et ne contient que de faibles proportions de soufre, de phosphore, d'arsenic, de manganèse et de silicium. La lime l'attaque aisément.

Fonte blanche. — La fonte blanche a un aspect blanc ; elle offre une cassure lamelleuse et miroitante ; elle contient moins de carbone que la fonte truitée. Elle fond vers 1100° et pèse 7.600 kilogrammes le mètre cube. Quelques fontes blanches lamelleuses ont dans les géodes des cristaux aciculaires à faces nettes et brillantes : elles proviennent alors de minerais contenant beaucoup d'oxyde de manganèse (fers carbonatés spathiques, minerais magnétiques, hématites brunes). Ce sont des fontes très dures, mais faciles à pulvériser. Les fontes manganésifères sont propres à la fabrication de l'acier.

La fonte blanche grenue n'est pas nécessairement la preuve d'un produit de grande pureté. Le carbone qui s'y trouve est entièrement combiné au fer. Elle contient en quantité variable du silicium, du soufre, du phosphore, de l'arsenic. Elle est, en général, très dure et cassante et se réduit difficilement en poudre. La fonte blanche fibreuse contient ordinairement une très faible quantité de carbone, mais beaucoup de phosphore, d'arsenic et souvent du soufre. La texture fibreuse est d'autant plus visible que les proportions d'arsenic et de phosphore sont plus grandes. Cette fonte ne contient pas de graphite. Elle est très dure et cassante et se réduit facilement en poudre.

Le coefficient de dilatation de la fonte est 0,0000111.

Les constantes physiques expérimentales de la fonte sont le suivantes.

	Charge pratique	Charge limite d'élasticité	Charge de rupture	Coefficient d'élasticité	Allongement proportionnel à la limite d'élasticité
Traction	2,5	7,5	12,5	10.000	0,00075
Compression.	7,0	15,0	75,0	10.000	»
Cisaillement.	2,0	5,6	20,0	3.750	»

Composition moyenne des fontes Bessemer.
(fontes grises nᵒˢ 1 à 4)

Carbone	3 à 4	0/0
Manganèse	1 » 2,5	»
Soufre	traces » 0,06	»
Phosphore	0,04 » 0,08	»
Silicium	2 » 3	»

Composition moyenne des fontes Thomas
(fontes nᵒˢ 4, 5, 6 destinées à la fabrication de l'acier basique)

Carbone	3 à 4	0/0
Manganèse	2 » 2,5	»
Soufre	0,03 » 0,08	»
Phosphore	1,5 » 2,5	»
Silicium	0,5 » 1,5	»

Composition moyenne des fontes de moulage
(fonte nᵒˢ 1, 2 et 3).

Carbone	3 à 4	0/0
Manganèse	0,2 » 1	»
Soufre	traces » 0,6	»
Phosphore	0,5 » 1,5	»
Silicium	2 » 3,5	»

Prix de revient des ouvrages en fonte. — Le prix est établi au kilogramme.

Objets lourds	0ᶠ15 à 0ᶠ30
Objets moins lourds	0 30 » 0 50
Pièces de ponts d'un modèle courant	0 30
Fontes d'ornement	0 35 » 0 40
Fontes pour tuyaux	0 15 » 0 18

FABRICATION DU FER

Puddlage.

La fonte à laquelle on ajoute des scories riches est mise en contact avec la flamme. Lorsqu'elle fond, on la retourne sur elle-même jusqu'à complète fusion. On fait le brassage à la main, au crochet ou par des moyens mécaniques. On forme des loupes de 30 à 40 kg. auxquelles on donne un coup de feu puis on les cingle au marteau frontal ou au marteau pilon.

La fusion s'opère dans des fours simples ou dans des fours doubles.

Four simple. — C'est un four à chauffage direct. La charge introduite varie de 220 à 275 kg. La consommation d'eau nécessaire au rafraîchissement de la sole est de 12 à 15 minutes.

Les caractéristiques de ce four sont les suivantes :

Surface de grille : 0 m² 28 à 0 m² 32 pour 100 kg. de charge.

Vide entre barreaux : $\dfrac{4}{10}$ de la surface totale de la grille.

Largeur entre le tisard et la face opposée : 0 m. 90 à 0 m. 95.

Longueur intérieure comprise entre les deux autels : 1 m 50 à 1 m. 70 pour une charge de 220 à 250 kg. en employant un combustible à longue flamme.

Profondeur du bassin : 0 m. 20 à 0 m. 35.

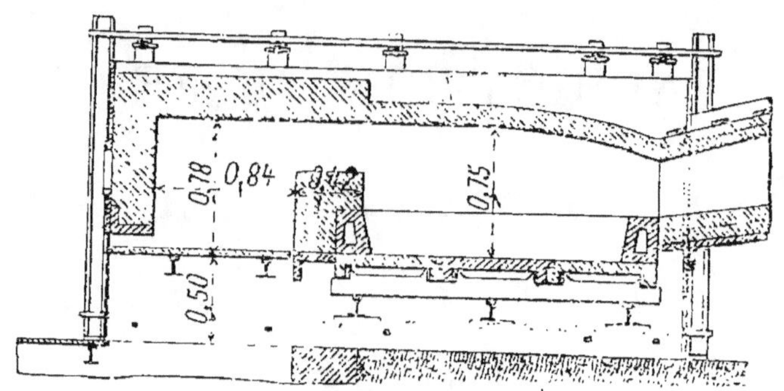

Coupe longitudinale.

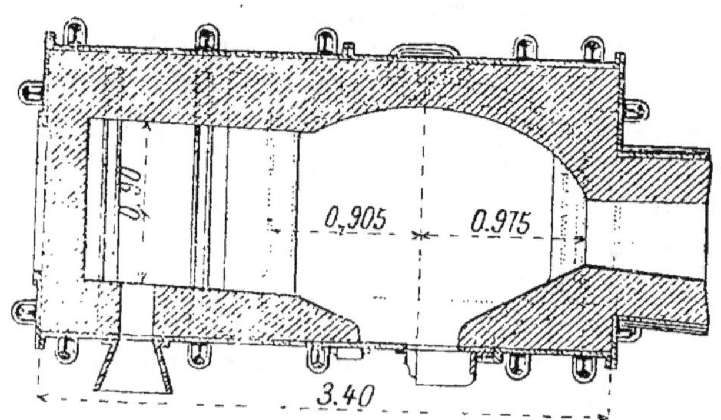

Coupe transversale.

Fig. 10. — Four à pudder simple (1).

Hauteur de voûte au-dessus de la sole : 0 m. 60 à 0 m. 70.

(1) Figure extraite du cours de l'Ecole des Ponts et Chaussées.

Section du rampant : $\dfrac{1}{8}$ de la surface totale de la grille.

Consommation de charbon par 12 heures : 1200 à 1500 kg.

Four double. — Les dispositions intérieures et les dimensions de ce four sont analogues à celles du four simple. En somme ce four est le plus souvent la juxtaposition de deux fours simples chauffés par le gaz qui arrive dans la partie centrale.

Les charges varient de 450 à 600 kg.

Le puddlage soit au four simple, soit au four double se fait à bras d'homme ou mécaniquement : ce dernier moyen est exceptionnel en raison des frais élevés d'installation et d'entretien qu'il nécessite.

Le temps nécessaire à l'opération du puddlage est de 1 h. 1/2 à 2 heures. On fait de 12 à 16 charges en 24 heures.

La fabrication du fer brut effectuée au four à puddler simple donne une moyenne de 3.000 kgs en 24 heures ; celle qui est fournie par un four double est de 10.000 kg. pendant le même temps.

Le déchet moyen. c'est-à-dire la différence entre le poids de la fonte chargée et le fer brut obtenu est de 12 0/0 du poids de la fonte.

La consommation de houille par tonne de fer brut est de :

        800 à   900 kg. pour le four simple.
        1.300 kg. pour le four double.

Affinage au bas-foyer. — Ce mode d'obtention du fer a beaucoup perdu de l'importance qu'il possédait il y a encore soixante ans. On apprécie cependant le fer affiné pour la fabrication des tôles fines, clous de fer à cheval. Le fer doux fondu fait une grande concurrence au fer obtenu par ce procédé.

Laminage. Martelage.

La barre qu'il s'agit de laminer passe dans un train de cylindres ébaucheurs présentant des cannelures triangulaires à une extrémité et des cannelures rectangulaires à l'autre extrémité.

Les laminoirs offrent des dimensions qui se rapprochent très souvent des chiffres suivants :

Longueur des cylindres	1 m. 75 à 1 m. 25
Diamètre des cylindres.	0 m. 50 à 0 m. 35
Diamètre des tourillons	0 m. 25
Tours effectués par minute . . .	40 à 30
Trains attelés à une même machine.	3 à 2
Machine à vap. (diamètre du piston.	0 m. 60 à 0 m. 50
à action directe (course dudit piston.	1 m. 25
Poids du volant	15.000 kgs
Diamètre du volant.	6 m. 50
Puissance de la machine	100 à 70 chevaux

Quand les barres sont en état, on les coupe à la cisaille et on les classe, en

> fer à nerf,
> — grain fin,
> — gros grains.

On en fait ensuite des paquets qu'on réchauffe dans des fours spéciaux dans le but de les marteler ou de les laminer.

Fours à réchauffer. — Ce sont des fours à réverbère dans lesquels on introduit la masse de fer à réchauffer où elle atteint bientôt une température uniforme. On fait de 16 à 20 charges par 24 heures (12 à 14 tonnes).

Un four très répandu est le four Bicheroux, de construction très simple et qu'on chauffe au moyen d'un gazogène.

La consommation du combustible est par tonne et par chaude de 400 à 700 kg.

Le déchet varie de 9 à 12 0/0 pour le premier chauffage et de 4 à 5 0/0 pour les chauffages suivants.

Le four à réchauffer a sa sole un peu inclinée vers la cheminée. Il présente les caractéristiques suivantes :

Surface de chauffe : 0 m² 75 à 1 m² 40.

Consommation de combustible : 1.500 à 2.500 kg. de charbon par 24 heures.

$$\text{Laboratoire} \begin{cases} \text{Largeur : 1 m. 20.} \\ \text{Longueur : 1 m. 80.} \\ \dfrac{\text{Surface de chauffe}}{\text{Surface de laboratoire}} = 1/2. \\ \text{Hauteur de voûte au-dessus de la partie} \\ \quad \text{centrale de la sole : 0 m. 30 à 0 m. 50.} \end{cases}$$

Section de la cheminée : 1/3 à 1/2 de la surface de chauffe.

Hauteur de la cheminée : 13 à 15 mètres.

Martelage. — Le martelage améliore la qualité du fer. Il s'effectue au moyen de marteaux-pilons à vapeur ou de presses.

Voici quelques données relatives aux pilons destinés à divers usages :

Usage des marteaux	Masse frappante	Hauteur de chute maximum	Nombre de coups par minute
	kilogrammes	mètres	
Petits marteaux à grande vitesse pour le forgeage de petites pièces. . .	50 à 500	0.15 à 0,60	200 à 500
Pour forgeages moyens .	500 à 1.000	0,60 à 1,00	100 à 200
Pour cinglage des loupes puddlées	1.500 à 2 500	1,00 à 1,50	80 à 100
Pour souder les paquets, les gros fers et surtout les paquets de tôles. .	5.000 à 10.000	1,50 à 2,50	60 à 80
Pour étirage de moyens lingots d'acier . . .	10.000 à 20 000	2,00 à 3,00	60 à 80
Pour les gros lingots d'acier jusqu'à.	150.000	6,00	60

Les marteaux-pilons sont à simple ou à double effet. Naturellement le poids du marteau employé doit être en rapport avec celui de la pièce à forger.

Pour une masse frappante d'un poids inférieur à 20 tonnes, les marteaux-pilons sont généralement à simple effet. Au-dessus de 20 tonnes on emploie des marteaux à double effet.

Pour les gros lingots on a tendance à remplacer les marteaux-pilons par les presses à forger. La force est fournie par la vapeur ou par l'eau. La presse produit trois fois plus de travail dans le même temps que le marteau-pilon.

Laminoirs. — Les laminoirs diminuent la section des barres par suite du passage de celles-ci entre deux cylindres tournant en sens inverse.

Ces cylindres disposés horizontalement sont mus par des machines motrices. Ils sont tangents à cannelures triangulaires ou ogives, emboîtants (ou tangents) à cannelures rectangulaires. Le diamètre des cylindres est en rapport avec l'épaisseur des pièces à laminer. Les cannelures dans lesquelles passe successivement la pièce sont de plus en plus petites jusqu'à la dernière qui est la cannelure *finisseuse*.

Le *rapport* ou *coefficient de décroissance a*, c'est-à-dire le rapport entre la section d'une cannelure et celle de la cannelure suivante est donnée par l'expression :

$$a = \sqrt[n]{\frac{H}{h}}$$

dans laquelle

H est la section de la pièce avant la première passe,
h la section de la barre finie,
n le nombre de cannelures.

La vitesse des cylindres est comprise entre 1 m. 50 et 2 m. par seconde.

Force nécessaire pour mettre en marche.

un train de fer duo ou trio à 2 paires de cages . . . . 50 à 80 chevaux

un train de fers marchands ronds, plats, carrés, à 2 cylindres faisant 75 tours à la minute . . } 75 à 100 —

un train à grande vitesse pour petits fers, machines (6 à 8 cages), etc. faisant 400 tours à la minute . . . . } 400 à 600 —

un train à 2 cages pour rails et poutrelles . . . . 800 à 2.000 —

un train à grosses poutrelles ou tôles épaisses . . . . 2.000 à 7.000 —

Composition, résistance à la traction, ductilité et usages des fers marchands.

Les fers marchands sont numérotés de 1 à 7, le n° 1 étant le fer commun autrefois employé comme fer à rails.

Le tableau ci-après (M. J. Résal) donne la composition, la résistance à la traction et l'emploi de chacun d'eux.

| Qualité | Composition élémentaire pour 100 | | | | | Résistance à la traction et ductilité | | | | | | Emplois |
| | | | | | | Tôles : épaisseurs moyennes de 5 à 20 millim. | | | | Plats et profilés, U, cornières, lés simples et doubles, barres, fers à barrots | | |
	C	Si	Mn	S	P	Sens	Limite d'élasticité kg. mm²	Limite de rupture kg. mm²	Allongement de rupture 0/0 mesuré sur 200 mm.	Limite de rupture kg. mm²	Allongement de rupture 0/0	
Commun ou n° 2	0,08	0,21	0,08	0,04	0,30	long	20	32	6	34	8	Fers communs pour boulonnerie et serrurerie, tire-fonds ; à l'état corroyé, sert pour les rivets du commerce ; plaques tournantes, barreaux de grilles, arbres de machines, profilés du commerce, ponts, charpentes pour parquets, chaudières ordinaires du commerce, caisses de cémentation, brancards de wagons, réservoirs. Les tôles de cette quantité ne doivent subir qu'un forgeage simple et des efforts statiques.
						travers	17	29	3.5			
Ordinaire ou n° 3	0,08	0,20	0,09	0,026	0,22	long	21	33	9	35	12	Fers ordinaires pour maréchalerie et serrurerie, fers à cheval, profilés ordinaires des chemins de fer, tôles devant supporter un léger emboutissage au marteau, corps cylindriques, ponts métalliques.
						travers	18	30	5			

Désignation												Observations
Fort ou n° 4	0,11	0,20	0,10	0,015	0,16	long	21,5	33,5	13	36	15	rie de qualité supérieure, fers à bœufs ; corroyé, fournit les rivets de bonne qualité pour ponts et charpentes de navires ; profilés supérieurs, masses de mines, corps cylindriques, viroles, tôles avec bords tombés au marteau pour chaudières. Qualité « ordinaire Marine ».
						travers	19	31	8			
Fort supérieur ou n° 5	»	»	»	»	»	long	22	34	16	»	»	Fers forts, tôles à chaudières pour hautes pressions, embouties et bords tombés à la presse, plaques AB des boîtes à fumée. Qualité « supérieure Marine ».
						travers	20	32	12			
Fin ou n° 6	0,12	0,14	0,09	0,012	0,105	long	23	35	18	»	»	Fers pour pièces de machines, tiges de tiroirs, bielles d'accouplement, essieux, arbres moteurs, fers profilés de qualité extra ayant à supporter un travail pénible, maillons de chaînes en corroyé, rivets de machines, tôles a chaudières de locomotives, foyers, plaques à tubes, plaques de boîtes à fumée, emboutis difficiles. Qualité « fine Marine ».
						travers	21	32	14			
Fin extra ou n° 7	0,15	0,10	0,078	0,01	0,053	long	24	36	21	»	»	Bielles motrices, tubes et tiges de pistons, essieux droits et coudés, taillanderie en général, pièces mécaniques très tourmentées, d'un travail difficile et soumises à de grands efforts, tôles de coups de feu, emboutis spéciaux, blindage des ponts de navires. Qualité « fine Marine », assimilable à la qualité au bois.
						travers	22	34	16			

Influence de la composition chimique sur les propriétés des fers.

Carbone. — Plus le fer est pur, plus il est malléable. Les impuretés augmentent sa dureté. Le fer industriel contient toujours du carbone qui lui communique un accroissement de résistance.

Soufre. — Ce métalloïde n'altère pas la résistance du fer mais il le rend rouverin à la température du rouge cerise, ce qui est un grave inconvénient pour le travail de forge. Le fer sulfureux est cassant à 360°.

Phosphore. — A teneur assez faible, le phosphore contrebalance les fâcheux effets que produit le soufre sur le fer à chaud. A froid, il augmente notablement la résistance statique tout en augmentant la limite d'élasticité et sans diminuer la ductilité. Malheureusement, il rend les fers très fragiles, ce qui finalement conduit les rebuter pour des pièces exposées au choc quand la proportion en phosphore devient trop forte.

Silicium. — A chaud, le silicium produit des effets identiques à ceux du soufre. A froid, il diminue la ténacité et la ductilité du fer.

Le silicium se combine avec le fer fondu et a pour effet de le rendre plus malléable. Du fer aussi dur que de l'acier trempé peut être rendu aussi malléable que du plomb en y incorporant une quantité suffisante de silicium. Mais un excès de ce corps a pour effet de détruire l'élasticité du fer. Cette force destructive de la cohésion est telle qu'une barre de fer peut être complètement transformée en un produit pulvérulent par l'addition de grandes quantités de silicium (Kirk).

Propriétés du fer

Le fer solide a une densité variant de 7,8 à 8,0 : le fer liquide a une densité moins élevée (6.88). Le coefficient moyen de dilatation linéaire est de 0,0000125 ; il est de 0,0000144 pour le fil de fer.

Les constantes expérimentales du fer sont les suivantes :

	Charge pratique	Charge limite d'élasticité	Charge de rupture	Coefficient d'élasticité	Allongement proportionnel à la limite d'élasticité
Traction.	7.0	14.0	40.0	20.000	0,0007
Compression	7.0	14.0	25.0	20.000	»
Cisaillement	6.0	10.5	35.0	7 500	»

Résistance spécifique du fer forgé : 13.78 microohms-cm.
Induction spécifique maxima : 18 251.
Induction spécifique résiduelle : 7,248.
Energie dissipée en ergs par cm^3 : 13.356
Résistivité : 9.693 ohms-cm.
Résistance d'un fil de fer de 1 mètre de longueur pesant 1 gramme : 0,7551 ohm.

Comme tous les métaux, le fer a la faculté de s'altérer lorsqu'il est en contact avec d'autres corps simples ; il s'unit à eux et forme de nouveaux composés ayant l'aspect métallique et jouissant de propriétés physiques spéciales n'ayant qu'un rapport très éloigné avec celles des éléments constitutifs.

Au point de vue de la forme qu'ils affectent, les fers du commerce se distinguent en fers marchands, glacés, feuillards et rubans, larges plats, rails, fers à 1, à planchers, fers spéciaux (T, U, cornières, Zorès, tôles).

Le fer le plus pur est celui qui se soude le mieux. Quand la proportion de carbone s'accroît, la soudabilité diminue, mais la dureté augmente.

Le fer pur présente une texture cristalline qui varie suivant la forme qu'on lui donne. La cassure d'un morceau de fer de 0,03 de côté a l'aspect métallique : la structure est grenue. Quand on aperçoit des facettes brillantes, c'est que le fer est mal affiné et cassant. Le fer fibreux est très recherché : c'est le plus tenace. Un fer de texture grenue a une plus forte densité qu'un fer de texture fibreuse.

Si on le chauffe à l'air libre, le fer se recouvre bientôt d'oxydule et s'écaille en battitures. Si on le chauffe à l'abri de l'air avec du charbon, il se transforme en acier de cémentation.

Résultats moyens obtenus sur des tôles de fer essayées à la traction.

(Expériences faites dans les laboratoires de l'Ecole des Ponts et Chaussées.)

Les barrettes découpées dans les tôles avaient 30 millimètres de largeur et 200 millimètres de longueur utile. Les chiffres des tableaux pages 63, 64, 65, ne s'appliquent qu'à des barrettes reconnues saines après essai. En général, les moyennes ont été calculées sur 20 éprouvettes pour chacun des sens de la tôle et pour chaque épaisseur considérée.

(Voir les tableaux des pages 63, 64 et 65).

Epaisseur des tôles	Fer n° 2				Fer n° 3			
	Résistance		Allongement		Résistance		Allongement	
	Longueur	Travers	Longueur	Travers	Longueur	Travers	Longueur	Travers
millimètres	kg.	kg.	p.100	p.100	kg.	kg.	p.100	p.100
2 et au-dessus	36,80	33,20	3,65	0,60	35,30	29,75	6,90	1,30
De 3 à 5 inclus	33,20	30,50	3,95	1,30	35,30	29,40	7,15	1,95
5 à 7	31,90	29,95	4,40	2,00	35,10	29,10	7,50	2,65
7 à 9	31,25	29,65	4,85	2,70	34,65	29,05	7,90	3,25
9 à 11. . . .	30,75	29,50	5,30	3,30	34,10	28,95	8,35	3.80
11 à 13 . . .	30,20	29,30	5,80	3,80	33,40	28,85	8,80	4,35
13 à 15 . . .	30,00	29,15	6,30	4,00	32,60	28,65	9,40	4,80
15 à 17 . . .	»	29,00	»	4,10	31,80	28,45	10,20	5,15
17 à 19 . . .	»	»	»	»	31,05	28,25	11,15	5,30
19 à 21 . . .	»	»	»	»	»	»	»	»
21 à 23 . . .	»	»	»	»	»	»	»	»

Epaisseur des tôles	Fer nº 4				Fer nº 5			
	Resistance		Allonge-ment		Résistance		Allonge-ment	
	Longueur	Travers	Longueur	Travers	Longueur	Travers	Longueur	Travers
millimètres	kg.	kg.	p.100	p.100	kg.	kg.	p.100	p.100
2 et au-dessus	36,35	32,35	8,15	1,97	38,70	33,80	15,40	2,50
De 3 à 5 inclus	35,45	31,30	9,90	3,30	36,65	32,80	15,85	4,65
5 à 7 . . .	34,75	30,60	11,05	4,55	35,25	31,90	16,05	6,50
7 à 9 . . .	34,15	30,20	11,70	5,65	34,40	31,20	16,15	7,95
9 à 11 . . .	33,55	30,00	11,95	6,65	33,75	30,80	16,05	9,15
11 à 13 . .	32,95	30,00	11,95	7,45	33,20	30,60	15,85	9,90
13 a 15 . .	32,45	30,05	11,90	8,15	32,90	30,60	15,55	10,25
15 à 17 . .	32,15	30,10	11,70	8,65	32,60	30,80	15,05	10,30
17 à 19 . .	31,90	30,35	11,35	9,00	32,55	31,15	14,65	10,15
19 à 21 . .	31,60	30,50	10,90	9,20	32,80	31,70	14,20	9,95
21 à 23 . .	31,35	30,60	10,30	9,30	33,20	32,30	13,75	9,70

Epaisseur des tôles	Fer n° 6				Fer n° 7			
	Résistance		Allongement		Résistance		Allongement	
	Longueur	Travers	Longueur	Travers	Longueur	Travers	Longueur	Travers
millimètres	kg.	kg.	p.100	p.100	kg.	kg.	p.100	p 100
2 et au-dessus	»	»	»	»	»	»	»	»
De 3 à 5 inclus	36,05	33,70	13,90	5,55	36,15	33,00	20,20	10,55
5 à 7 . . .	35,25	32,75	16,35	7,60	34,45	31,70	19,75	11,25
7 à 9 . . .	34,58	32,00	18,25	9,30	33,70	31,30	19,58	12,05
9 à 11 . . .	33,95	31,40	19,40	10,75	33,20	31,25	19,70	12,75
11 à 13 . . .	33,40	30,95	20,15	12,05	32,95	31,35	20,00	13,55
13 à 15 . . .	33,00	30,95	20,40	13,10	32,75	31,50	20,50	14,38
15 à 17 . . .	32,80	31,30	20,50	13,85	32,55	31,60	21,25	15,30
17 à 19 . . .	32,75	31,90	20,60	14,25	32,40	31,70	22,00	16,20
19 à 21 . . .	33,20	32,65	20,75	14,30	32,30	31,75	22,85	17,30
21 à 23 . . .	33,82	33,45	20,85	13,85	32,20	31,85	23,85	18,15

Colorations et nuances lumineuses du fer chauffé.

Dans la métallurgie du fer, on définit les températures jusqu'à 400° par la teinte que prend une lame de fer bien décapée et chauffée lentement au contact de l'air. A partir de 500°, on se base sur la nuance lumineuse que présentent les corps portés à des températures élevées et croissantes. Voici l'échelle admise :

Colorations.

Coloration de la lame de fer	Température en degrés centigr.	Coloration de la lame de fer	Température en degrés centigr.
Blanc	12°	Violet . . .	282
Jaune pâle.	216	Bleu clair. .	288
Jaune paille	232	Bleu foncé. .	292
Jaune doré.	242	Bleu noir . .	316
Brun	254	Vert. . . .	332
Brun teinté de pourpre.	265	Gris d'oxyde.	400
Pourpre	277	»	»

Nuances lumineuses.

Nuance de la lame de fer	Température en degrés centigr.	Nuance de la lame de fer	Température en degrés centigr.
Rouge naissant . . .	525	Orangé foncé	1100
Rouge sombre . . .	700	Orangé clair .	1200
Rouge (cerise naissant).	800	Blanc soudant	1300
Cerise	900	Blanc éclatant	1400
Cerise clair	1000	Blanc éblouis.	1500

Dans certains établissements sidérurgiques, on mesure les températures avec des appareils d'optique (lunette pyrométrique de Mesure et Nouel, de Féry, etc.) qui donnent d'une façon précise la nuance lumineuse en se basant sur les différences de longueur d'onde qui existent entre deux rayons simples du spectre solaire.

FABRICATION DE L'ACIER

Acier au creuset.

Ce procédé est le plus ancien qui soit connu pour l'obtention des aciers fondus. On fait fondre dans un

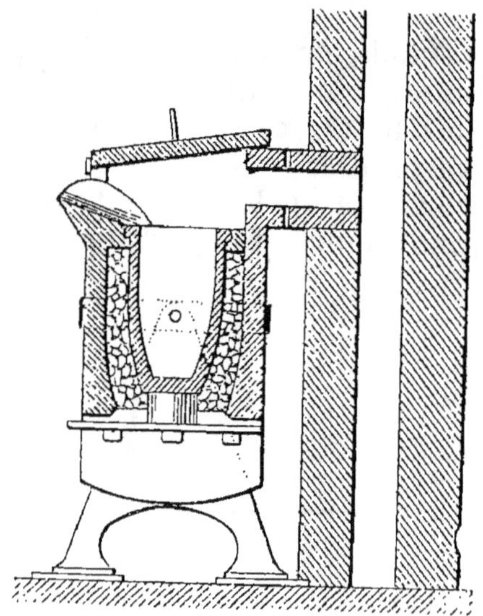

Fig 11. — Four à creuset portatif de Piat.

creuset un acier brut quelconque obtenu soit au four à puddler, soit au bas-foyer, soit encore un acier de cémentation, Bessemer ou Martin. On laisse au repos quelque temps, la matière fondue, puis on la coule dans des lingotières.

On peut encore fabriquer cet acier en prenant comme matières premières de la fonte et du minerai en proportions voulues pour avoir la dose de carbone nécessaire.

L'acier au creuset est d'un prix de revient élevé mais il est d'excellente qualité.

En France, on fait usage depuis quelques années du four mobile, système Piat, pour le chauffage des creusets.

Composition chimique de divers aciers fondus au creuset.

Usages	Carbone	Silicium	Manganèse	Phosphore	Soufre	Chimistes ayant fait les analyses
Mèches, etc.	1,46	0,15	0,38	0,032	0,014	Thalner
	1,24	n.d.	0,15	0,016	0,016	Bischoff
Outils.	1,12	»	0,23	0,028	0,024	Bischoff
	1,18	0,57	0,40	0,018	n.d.	Muller
Outils de bonne qualité	1,00	0,06	0,08	0,020	0,005	Usine de St-Etienne
	0,92	0,09	0,12	0,020	0,022	Ledebur
	0,75	n.d	0,23	0,040	0,022	Bischoff

Procédés Bessemer et Thomas.

Ces procédés de fabrication de l'acier par affinage au vent consistent à injecter de l'air comprimé à travers la fonte liquide contenue dans un convertisseur (Bessemer-birne, Converter). Il se produit une oxydation des corps étrangers (carbone, silicium, manganèse) et une transformation de la fonte en acier par suite de sa décarburation.

L'opération chimique comprend trois périodes :

1° L'oxydation des éléments étrangers et la formation de scories, ce qui exige de 2 à 3 minutes. La flamme est jaune orangé tirant sur le rouge. Il n'y a pas de fumée.

2° La décarburation de la fonte avec dégagement d'oxyde de carbone ce qui demande de 8 à 10 minutes. La flamme est blanche et brillante ; il se dégage de nombreuses étincelles. A la fin de cette période la couleur est lilas.

3° La recarburation qui prend 1 à 4 minutes. La flamme est très vive.

Suivant la nature du revêtement intérieur et du fond du convertisseur, le procédé est acide (Bessemer) ou basique (Thomas).

A la fin de l'opération Bessemer, la température du bain d'acier fondu est comprise entre 1580° et 1640° (Le Chatelier).

Accroissement de la température du bain par suite de la combustion de :	1 0/0 de fer . . . 28°
	1 0/0 de Mn . . . 46°
	1 0/0 de C. . . . 6°
	1 0/0 de Si. . . . 190°
	1 0/0 de P. . . . 120°

Charges moyennes sur lesquelles on opère : 10 à 20 tonnes.

Temps nécessaire pour le traitement d'une charge : 10 à 20 minutes.

Capacité d'une cornue acide (vitesse de soufflage modérée) par tonne de métal traité : 1 m³ (8 fois le vol de la fonte).

Capacité d'une cornue basique (vitesse de soufflage modérée) par tonne de métal traité : 1 m³ 10 (9 à 10 fois le vol de la fonte).

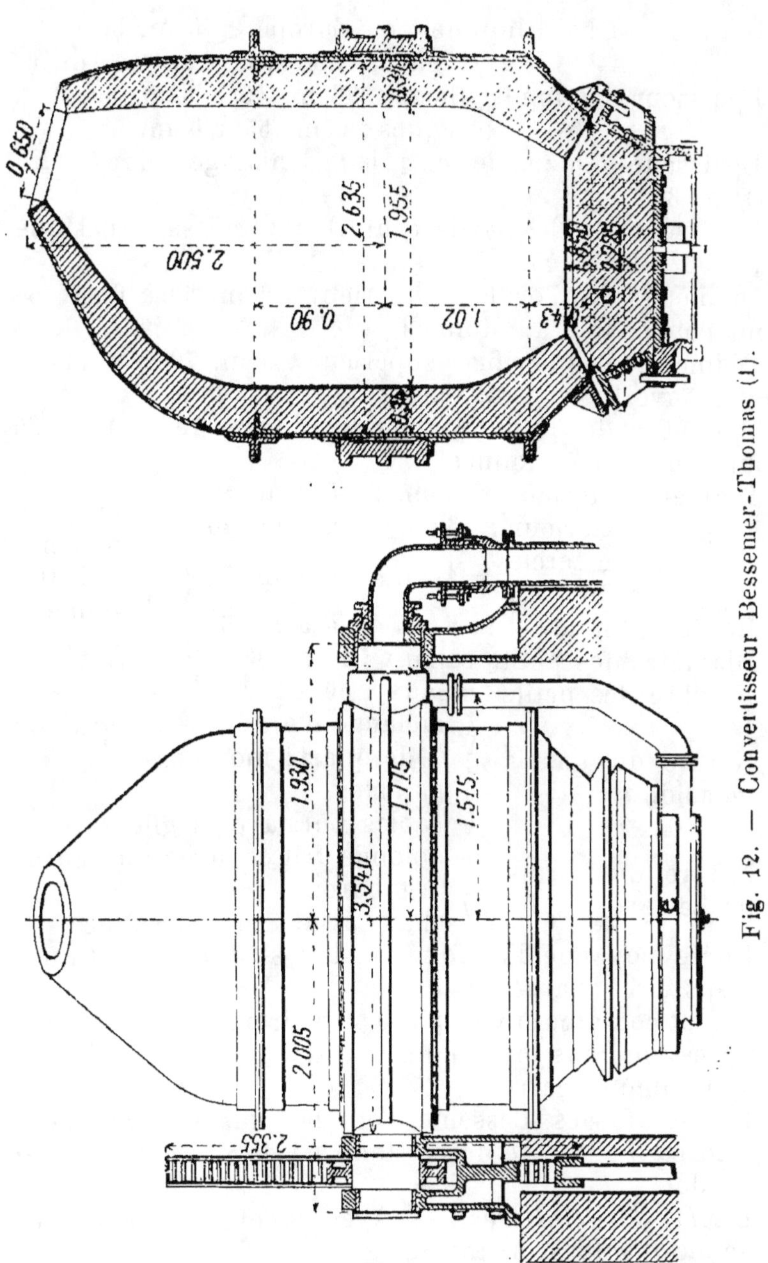

Fig. 12. — Convertisseur Bessemer-Thomas (1).

(1) Figure extraite du cours de l'École des Ponts et Chaussées

Hauteur du bain liquide : en Europe < 0 m. 50.
       —   : en Amérique : 0 m. 32 à 0 m. 40.

Epaisseur des fonds siliceux : 0 m. 40 à 0 m. 50.
       —   basiques : 0 m. 55 à 0 m. 65.

Epaisseur de la partie centrale : garnissage acide 0 m. 20 à 0 m. 30.

Epaisseur de la partie centrale : garnissage basique 0 m. 35 à 0 m. 45.

Diamètre de l'orifice supérieur : 0 m. 50 à 0 m. 60 pour convertir 5 à 8 tonnes.

Diamètre de l'orifice supérieur : 0 m. 70 à 1 m. 00 pour convertir 10 à 12 tonnes.

Diamètre de l'orifice supérieur : 1 m. 10 à 1 m. 20 pour convertir 15 tonnes.

Diamètre intérieur : 2 m. 20 à 2 m. 50 ⎫
—   extérieur : 3 m. » à 3 m. 40 ⎪ pour un convertis-
—   du cercle des tuyères } 1 m. 30 à 1 m. 50 ⎬ seur de 10 à 15 tonnes.
Hauteur totale : 5 m. » à 5 m. 50 ⎭

Diamètre des petits canaux : 10 à 30 millimètres.

Nombre des petits canaux : 50 à 200   —

Nature du garnissage acide { mélange d'argile et de grès ou de quartz moulus. ganister. sables purs avec argile.

Nature du garnissage basique { dolomie frittée avec un peu de goudron. chaux avec scories basiques.

Durée moyenne d'un fond : résiste à 30 charges et quelquefois à 50 charges.

Il faut compter envoyer 300 m³ d'air par tonne de fonte. La pression dans les conduites est de 1 kgr. 4 à 2 kgr. 5 par centimètre carré.

Les souffleries Bessemer ont le plus souvent deux cylindres. La vitesse des pistons est de 2 à 4 mètres par seconde.

Choix des matières. — Avec le procédé acide on emploie une fonte ayant :

plus de   0, 6 0/0 de silicium (1 ou 2 0/0).
moins de 0,10 0/0 de phosphore.
   0,5 à   2 0/0 de manganèse.
   3,5 à   4 0/0 de carbone.
Avec le procédé basique, la fonte employée contient
   0,2 à 0,5 0/0 de silicium.
   1,8 à 2,5 0/0 de phosphore.
   1 à   2 0/0 de manganèse.
   1 à 3,5 0/0 de carbone.

Ce dernier procédé demande, pendant l'opération, une addition de chaux vive qui est de 13 à 18 0/0 du poids de la fonte.

La quantité de ferromanganèse (riche en manganèse) à introduire pour l'oxydation après soufflage est de 0,3 à 0,5 0/0 du poids de la fonte soit 15 à 25 kilogrammes pour 5 tonnes de fonte.

Si on fabrique un métal peu carburé dans un convertisseur acide il faut ajouter 0,5 à 2 0/0 de ferro manganèse ou 2 à 10 0/0 de spiegel par rapport au poids de la fonte traitée.

Dans le procédé Thomas, il y a une certaine difficulté, c'est celle d'éliminer le phosphore quand il ne reste que peu de carbone. On la surmonte en soufflant 5 à 6 minutes (sursoufflage) en plus, ce qui a pour effet de transformer le phosphore en acide phosphorique.

Pour avoir un acier à 0,3 0/0 de carbone, on met pour 100 kilogrammes de fonte :
   0 k. 80 de ferromanganèse à 60 0/0.
et 6 k. de spiegel à 12 0/0.

Affinage en garnissage acide.

Fonte très riche en silicium (2 à 3 0/0) (Barker).

Eléments	Fonte chargée	Métal après		Fin de l'affinage avant l'addition	Métal après l'addition
		6 minutes	12 minutes		
Carbone	3,570	3,940	1,640	0,190	0,370
Silicium	2,260	0,950	0,470	n. d.	n. d.
Manganèse	0,040	traces	traces	traces	0,540
Soufre.	0,107	0,098	0,098	0,098	0,090
Phosphore.	0,073	0,070	0,070	0,070	0,056

Exemple d'affinage d'une fonte manganésée (Ledebur).

Eléments	Prises d'essai pendant l'affinage				Fin du soufflage	Après addition de spiegel
Carbone	3,030	3.170	3,190	1,610	0,190	0,210
Silicium	2,410	1,260	0,270	0,030	0,010	0,160
Manganèse	2,450	0,700	0,190	0,120	0,060	0,220
Soufre.	0,024	0,010	0,007	0,013	0,023	0,023
Phosphore	0,130	0,140	0,135	0,130	0,140	0,150

Exemple d'une fonte contenant moins de silicium en garnissage acide (Müller).

Eléments	Fonte chargé	Après un soufflage de			Après addition de spiegel et 40 secondes de soufflage
		5 minutes	10 minutes	18 minutes	
Carbone	3,460	2,710	1,630	0,092	0,104
Silicium	1,930	1,070	0.790	0,532	0,346
Manganèse	2,990	1,920	1,360	0,538	0,624

Exemple d'une autre fonte en garnissage acide (Müller).

	Fonte chargée	Après un soufflage de				Après addition te spiegel
		3 min. 1/2	6 min. 1/2	9 min. 1/2	11 min.1/2	
Carbone	3,870	2.980	1.750	0,300	0 070	0, 420
Silicium	1,480	0.380	0,750	0.630	0,130	0.340
Manganèse	1,760	1,010	0,940	0,730	0.260	1.060

Affinage en garnissage basique.

Exemple d'affinage d'une fonte en garnissage basique (Finkener).

Eléments	Fonte chargée	Après un soufflage de				A la fin du sur-soufflage	Après addition de spiegel
		5 minutes	9 minutes	13 min. 1/4	14 min. 1/4		
Carbóne	3,120	2,510	1,190	0.030	»	0,070	0,200
Silicium	0,540	0,010	0,008	0,001	»	0,001	0,003
Manganèse . . .	0,410	0,180	0,210	0,070	0.070	0,060	0,310
Soufre	0,410	0,440	0,420	0,460	0,210	0,200	0,150
Phosphore. . . .	1,398	1,442	1,354	0,524	0,066	0,046	0,067
Nickel	0,070	0,080	0,070	0,070	0,040	0,080	0,060
Cuivre	0,040	0,040	0,050	0,050	0,050	0.040	0,060

Exemple d'affinage d'une fonte contenant peu de silicium.

Addition de 40 kg de ferromanganèse. Charge en chaux 1300 kg.

Eléments	Fonte chargée	Après soufflage de					Après addition de ferro-manganèse
		2 minutes	4 minutes	8 minutes	10 minutes	10 min. 1/4	
Carbone	3,400	2,400	1,420	0,060	0,030	0,020	0,060
Manganèse . . .	0,810	0,100	0,130	0,360	0,220	0.180	0,350
Phosphore. . . .	2,920	2,300	2,150	0,990	0,070	0,070	0,070

Les scories provenant des opérations Bessemer soit acides, soit basiques contiennent moins de fer que celles qui proviennent du fer ou de l'acier obtenu par soudage.

Ci-après des compositions de scories avant et après addition de spiegel.

Eléments contenus dans la scorie	Scorie prise			
	avant l'addition de spiegel		après l'addition de spiegel	
	allure chaude	allure froide	allure chaude	allure froide
Silice.	50,85	49,45	53,93	49,05
Alumine	3,15	1,30	2,31	2,30
Oxyde ferreux	4,13	9,59	5,54	6,55
Protoxyde de manganèse. . . .	40,68	38,23	35,14	40,27
Chaux et magnésie.	n. d.	n. d.	2,32	n. d.

Les gaz qui s'échappent de la cornue n'ont pas non plus la même composition durant l'opération. Le tableau suivant en rend compte :

Nature des gaz de la cornue	Après soufflage de			
	2 minutes	6 minutes	10 minutes	14 minutes
Oxygène	0,51	0,00	0,00	0,00
Anhydride carbonique.	9,12	8,05	3,58	1,34
Oxyde de carbone	0,06	4,58	19,59	31,11
Hydrogène	0,00	2,00	2,00	2,00
Azote.	90,31	85,37	74,83	65,55

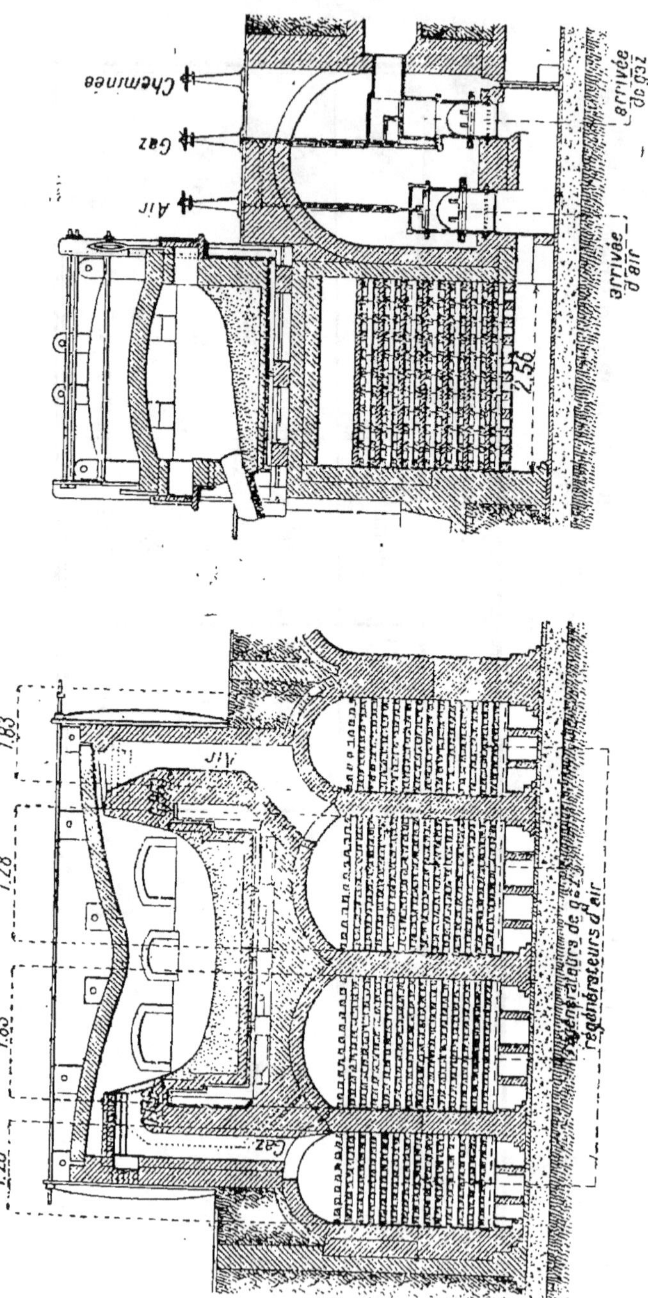

Fig. 13. — Four Siemens-Martin.

(1) Figure extraite du cours de l'Ecole des Ponts et Chaussées.

Procédé Martin.

Par ce procédé on fabrique le fer ou l'acier sur la sole d'un four Siemens. La charge est constituée par des débris de fer doux (riblons, ferrailles) ce qui rend cette méthode économique. Le procédé est, de même que le Bessemer, acide ou basique suivant la nature de la sole.

L'épaisseur d'une sole acide est de 0 m. 50. Les matériaux employés à sa confection sont généralement formés d'un mélange de gros sable et d'argile réfractaire (2 à 5 0/0).

L'épaisseur d'une sole basique varie de 0 m. 30 à 0 m. 45 ; elle est formée de magnésie et de fer chromé.

Le four comprend, pour le chauffage des gaz et de l'air, quatre chambres de 2 m. 50 à 2 m. 75 de longueur et de 2 mètres à 2 m. 25 de hauteur. La largeur de ces chambres est de 1 m. 10 à 1 m. 70 suivant leur destination.

La sole affecte une forme rectangulaire un peu concave.

Hauteur du bassin sous voûte : 1 mètre à 1 m. 25.

Durée de l'opération : 8 à 10 heures.

Il y a trois variantes au procédé Martin :

1° Dissoudre des barres de fer dans un bain de fonte ;

2° Remplacer partiellement le fer par un minerai riche ;

3° Remplacer le fer en barres par des loupes de fer brut ou des éponges de fer (réduction de minerais riches).

Composition moyenne d'un lit de fusion.

Silicium	0,4 à 0,8 0/0
Manganèse	0,8 à 1,4 —
Carbone	1,0 à 1,6 —

Dans un four à sole siliceuse, le phosphore ne doit jamais être supérieur à 0,1 0/0. Dans un four à sole basique, on admet une teneur quelconque en phosphore, seulement il faut ajouter une proportion convenable de calcaire.

Variation de la composition chimique pendant l'opération du procédé Martin acide (Mehrlens).

	C	Si	P	S	Mn	Cu
Charge { fonte 3.500 k. . . . / fer ou acier 7.000 k. . . .	1,30	0,77	0,08	0,05	1,28	0,11
7 h. après le commencement. Bain très chaud	0,80	0,35	n. d.	n. d.	0,20	n. d.
2 h. plus tard après addition de 600 k. minerai.	0,07	0,01	—	—	traces	—
Après addition de 135 k. de ferro-manganèse à 40 0/0	0,18	0,04	0,08	0,05	0,30	0,11

Variation de la composition chimique pendant l'opération du procédé Martin basique
(F. W. Harbord).

	C	Si	P	S	Mn
Charge { fonte 65 0/0 . . . . . { fer ou acier 35 0/0	2,300	0,870	2,300	0,230	0,960
4 h. après le commencement fusion ter-minée.	0,420	0,060	1,220	0,230	0,080
1/2 heure après	0,230	0,070	1,180	0,213	0,060
—	0,178	0,070	1.000	0,206	0,088
—	0,094	0,050	0,840	0,183	0,062
—	0,075	0,040	0.700	0.170	0,064
—	0,070	0,045	0,480	0,165	0.060
—	0,060	0,050	0.330	0.157	0.085
—	0,050	0,045	0,192	0,160	0.065
—	0,015	0,025	0.116	0.137	0,080
—	0,050	0,010	0,085	0,130	0,051
Après addition de ferromanganèse . . .	0.130	traces	0 065	0,125	0,510

Exemple d'une charge de 5 tonnes 1/2.

Vieux rails	3.000 kg.
Fonte	1.500
Débris d'acier	900
Ferromanganèse	100

Fabrication.

Production moyenne : 5 à 6 charges de 20 tonnes en 24 heures.

Consommation de combustible : 270 à 880 kg. de houille par tonne de métal.

Prix de la main-d'œuvre : 5.600 fr. à 6.300 fr. par tonne de métal réduit.

Prix de revient en Allemagne : 90 fr. la tonne dont 25 fr. pour frais généraux et de fabrication.

Prix de revient à Biscaye (Martin acide) : 94 fr. 83.

Prix de revient à Seraing (Martin basique) : 73 fr. 20.

Procédés électriques.

Les appareils dont on se sert actuellement pour fabriquer l'acier électrique appartiennent à l'un des trois groupes suivants :

Fours à électrodes

- fours à plusieurs électrodes, le courant passant par le bain (types Héroult, Keller).
- fours à une électrode, le courant passant dans le bain (type Girod).
- fours à plusieurs électrodes, le courant ne passant pas dans le bain (type Stassano).

Fours sans électrode

- fours à induction (type Kjellin et Schneider).
- fours utilisant l'effet Joule (type Gin).
- fours à résistance (type Girod).

Dans le procédé *Héroult* on fait passer le courant électrique dans le métal fondu, en interposant entre celui-ci et les électrodes une mince couche de scorie qui

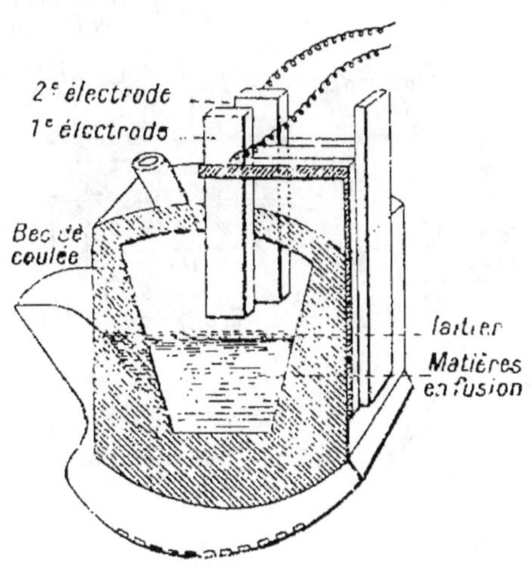

Fig. 14. — Four Héroult.

évite le contact tout en laissant passer le courant. L'échauffement est ainsi produit sans qu'il y ait d'arc. L'Usine de La Praz (Savoie) emploie ce procédé.

Dépense d'énergie et prix de revient.

6 fr. 40 à 8 fr. avec moteur hydraulique. Kw.-heure = 0,008 à 0,010
40 fr. à 48 fr. avec moteur à vapeur. Kw.-heure = 0,005 à 0,06
25 fr. à 32 fr. avec gazog. et moteur à gaz. Kw.-heure = 0,03 à 0,04
16 fr. avec gaz de haut fourneau. Kw.-heure = 0,02

Le procédé *Keller* demande deux fours : l'un servant à la fabrication de la fonte brute à quatre électrodes verticales entre lesquelles jaillissent les arcs : l'autre sert à l'affinage.

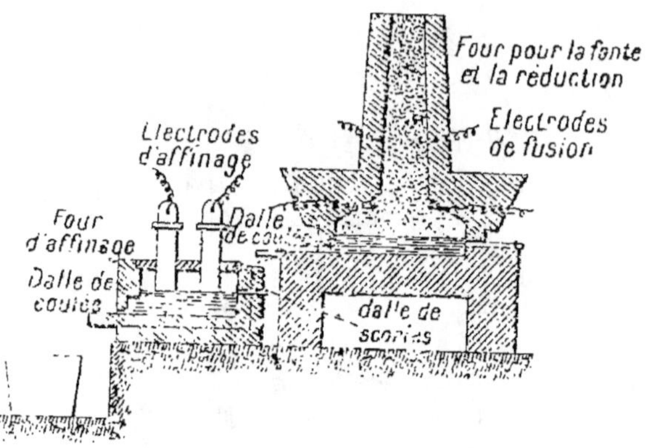

Fig. 15. — Four Keller.

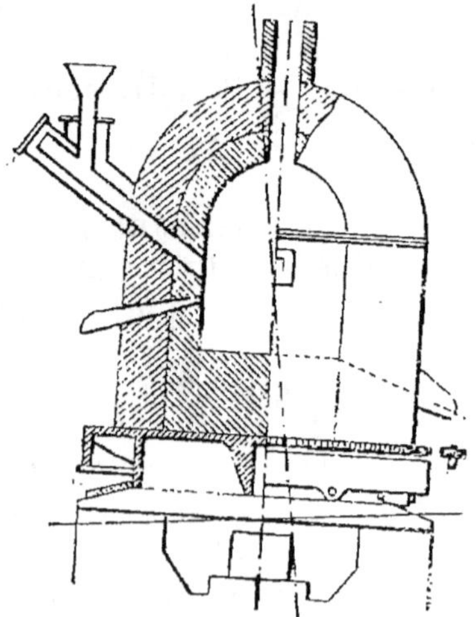

Fig. 16. — Four Stassano.

Dans le four *Girod* à électrodes, l'une de celles-ci s'épanouit en deux parties noyées dans la sole du four ;

l'autre partie est suspendue hors du bain. Le courant traverse la masse du métal pour gagner l'autre pôle.

Le four *Stassano* utilise la chaleur dégagée par l'arc électrique jaillissant dans un espace clos au-dessus de la masse en fusion. Il tourne autour d'un axe légèrement incliné sur la verticale ce qui détermine le brassage du métal.

Le four à induction *Kjellin* comprend un espace annulaire au centre duquel se trouve un noyau en tôle entouré d'une bobine traversée par un courant alternatif qui l'échauffe. Un four de 180 kg. produit 6 à 700 kg. d'acier par 24 heures en consommant 58 kilowatts.

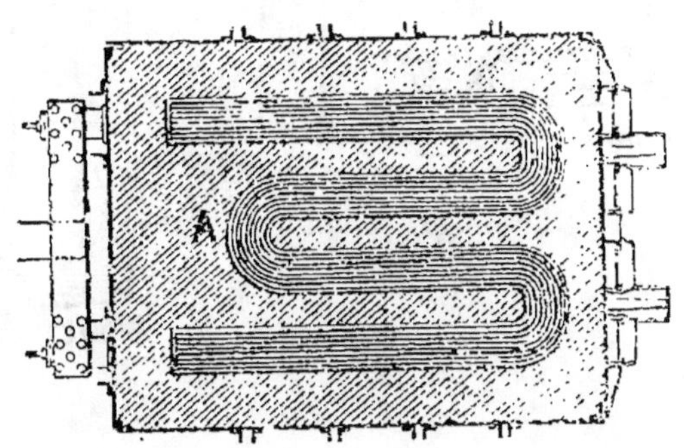

Fig. 17. — Four Gin sans électrodes.

Le four *Gin* développe par l'effet Joule une grande quantité de chaleur dans le bain métallique.

Dépense d'énergie
$\left\{\begin{array}{l}\text{0,15 chevaux-électriques-an par tonne d'acier}\\\text{en partant d'une fonte solide.}\\\text{0,0114 chevaux-électriques-an par tonne}\\\text{d'acier en partant d'une fonte liquide.}\end{array}\right.$

Le four *Girod* sans électrode a des résistances en graphite entourant le récipient. Production : 4 à 6 kg. d'acier par kilowatt-24 heures.

Il existe encore d'autres types de four comme le four composé *Harmet* : Ce four comporte trois parties principales correspondant aux trois phases suivantes : 1⁰ fusion du minerai ; 2⁰ réduction ; 3⁰ msie à point du métal. Cette dernière phase s'effectue au four Martin électrique.

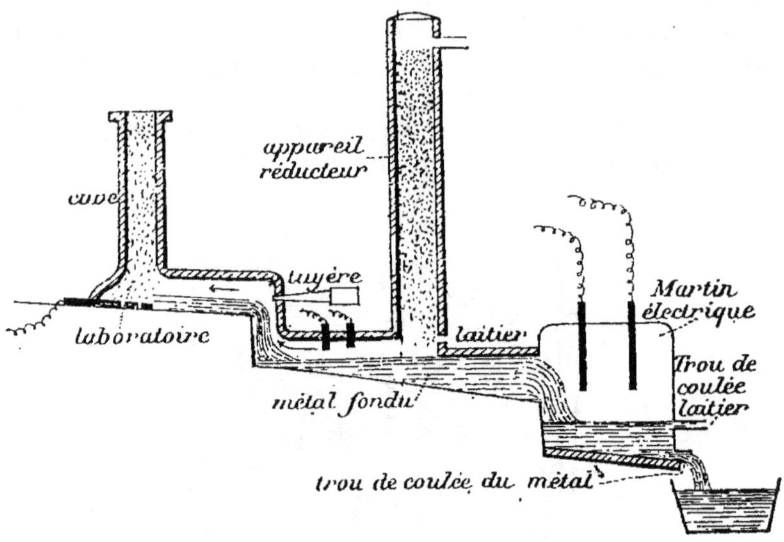

Fig. 18. — Four Harmet.

On fond les oxydes dans une cuve à sole inclinée. Les gaz réducteurs proviennent d'un appareil placé entre le four en fusion et le Martin électrique ; ils se mélangent à l'air sous pression et pénètrent dans la cuve par une tuyère. Des charbons électriques traversent la voûte et entretiennent la température nécessaire à la réduction. La troisième partie du four reçoit le métal brut qui doit être affiné ; elle comprend un four ayant un laboratoire à section circulaire avec porte de chargement, deux trous de coulée, l'un pour le métal, l'autre pour le laitier. Le chauffage est assuré par un arc jaillissant entre deux charbons verticaux ou inclinés placés à la voûte. Ce Martin électrique a une enveloppe extérieure métallique et un revêtement intérieur en matières réfractaires.

Acier de cémentation.

Ce métal s'obtient en introduisant du fer et du cément (mélange de charbon de bois en poudre, de cendres et de sel marin) dans des caisses en briques réfractaires. On dispose des couches alternées de fer en barres et de cément. A l'aide d'un four de forme spéciale on élève la température jusqu'au rouge cerise qu'on maintient de 12 à 15 jours. De temps à autre, on enlève une des barres et on examine la marche de l'opération. Quand on juge la cémentation terminée on laisse refroidir et on enlève définitivement les barres. La cémentation est plus superficielle qu'intérieure. On ajoute parfois au charbon des cendres, des matières animales, des cyanures ou on opère avec le gaz d'éclairage. Tous ces corps agissent par le charbon qu'ils contiennent.

L'acier de cémentation de bonne qualité est d'un prix de revient assez élevé. Par tonne d'acier, il faut compter 30 kg. de charbon frais, 800 à 1.000 kg. de houille et 6 fr. 25 à 7 fr. 50 de main-d'œuvre, ce qui donne un prix de revient (réparations, amortissement et impôts compris) de 25 francs à 31 francs la tonne. Aussi cet acier est-il réservé à la confection d'instruments et d'outils comme les limes, cisailles, lames de rabots, couteaux de poche, objets de quincaillerie.

Modifications éprouvées par le métal pendant la cémentation.

	Epaisseur de la couche cémentée sur la barre expérimentée	Proportion 0 0 de carbone
	en millimètres	
Au bout de 7 jours	0,5	0,65
— 8 —	1,0	0,94
— 9 —	2,0	0,95
— 10 —	2,6	1,10
— 11 1/2 —	3,	1,20
— 13 1/2 —	la totalité	1,20

Travail de l'acier.

Les appareils employés pour travailler l'acier sont les mêmes que ceux qui ont été mentionnés pour le travail du fer (fours à réchauffer, marteaux-pilons, presses à forger, laminoirs).

Température de recuit de divers objets en acier fondu

Désignation des objets	Température du recuit	Coloration correspondante
Lancettes des chirurgiens .	216°	jaune pâle
Bons rasoirs.	232	jaune paille
Rasoirs communs, canifs. . .	242	jaune doré
Ciseaux, bêches, houes, etc . .	254	brun
Haches, cisailles, lames de rabot	265	brun pourpré
Couteaux de table	277	pourpre
Epées, ressorts de montre . .	288	bleu clair
Poignards, petites scies . . .	292	bleu foncé
Scies à main, etc	310	bleu noir

Propriétés des aciers.

L'acier fond vers 1400°. Il se soude à lui-même. Sa caractéristique est de pouvoir prendre la trempe, c'est-à-dire d'acquérir une plus grande dureté lorsqu'après avoir

Composition, limites d'élasticité et de rupture,

Echelle de dureté	Mode de fabrication	Composition élémentaire pour 100					Degré de trempe	Etat
		Mn	C	Si	P	S		
Très dur.	Martin acide	0.70	0.60	0.30	0.055	0.030	Trempe très fort	Non trempé trempé
Dur . .	»	0,60	0.50	0.25	0.055	0.030	Trempe très bien	Non trempé trempé
Mi-dur. .	Martin acide	0.45	0.40	0,20	0.055	0.030	Trempe bien	Non trempé trempé
Mi-dou .	»	0,35	0,35	0,15	0.055	0.030	Trempe peu	Non trempé trempé
Doux. .	Martin acide — basique Bessemer basiq.	0,25 0,55 0,35	0,28 0,19 0,16	0,10 0,030 traces	0,055 0,045 0,045	0,030 0,025 0.025	Ne trempe pas ou à peine	Non trempé trempé
Très doux soudable.	»	»	»	»	»	»	Ne trempe pas	Non trempé trempé
Ext.-doux soudant .	Martin basique Bessemer basiq.	0,45 0,30	0,14 0,13	0,03 traces	0,025 0,03	0.020 0,020	Ne trempe pas	Non trempé trempé

...longement, striction et usages des aciers.

par mmq. de section	Limite de rupture en kg. par mmq. de section	Allongement de rupt. pour 100 mesuré sur 200 millim. de long	Striction (Rapport de l'aire de la section de rupture à celle de la sect. primit.)	Emplois
.43	90-80	6-11	0,84-0.79	Ressorts, matrices, bouterolles, coutellerie, scies, pièces pour filatures. Poinçons, limes, aimants, couteaux de balances.
.80	140-120	2-5	0,98-0.93	
.38	80-70	11-15	0,79-0,73	Ressorts, pièces d'armes, canons, masses, marteaux, rails, bandages, bêches, sonnettes, socs de charrue, étampes.
.68	120-105	5-7	0,93-0,87	
.35	70-60	15-19	0,73-0,62	Rails, éclisses, pièces d'armes, canons, pelles, pioches, bêches, fourreaux de sabres, glissières, essieux, frettes, mandrins, clavettes.
C.60	105-90	7-11	0,87-0,72	
.33	60-50	19-23	0,62-0,53	Pièces mécaniques, versoirs, pelles, étrilles, arbres de transmission, essieux de wagons, tire-fonds, tôles pour fermetures, scies à chaud, godets de dragues, fourches, vis, goujons, lunetterie.
0-50	90-70	11-16	0,72-0,58	
C-29	50-45	23-25	0,53-0,46	Tôles pour construction de navires et de ponts, profilés divers, affûts, boulons, pièces mécaniques, vis de bandages, constructions de toutes sortes.
C-40	70-55	16-19	0,58-0,50	
.26	45-40	25-28	0,46-0,38	Tôles et profilés pour chaudières, rivets de chaudières, pièces cémentées, tôles pour pièces embouties, obus à mitraille, tubes, étuis sans soudure.
.34	55-48	19-22	0,50-0,40	
.26	40-35	28-32	0,38-0,31	Tréfilage, tôles minces embouties, qualité supérieure pour tôles à chaudières, foyers, viroles, communications soudées; remplace le fer de Suède, clous à cheval, bandages de roues, rivets, pièces cémentées, en général tôles très façonnées emboutis compliqués.
.30	48-40	22-28	0,40-0,32	

été chauffé il est brusquement refroidi dans {un bain d'eau ou d'huile. Sa densité est très voisine de celle du fer ; elle varie de 7,8 à 7,9. Son coefficient de dilatation linéaire est de 0,0000122 pour l'acier trempé et de 0,0000115 pour l'acier non trempé.

Les constantes expérimentales de l'acier sont réunies dans le tableau suivant :

	Acier cémenté	Acier fondu	Fil d'acier
Charge pratique :			
Traction	13,0	30,0	19,2
Compression.	13,0	30,0	»
Cisaillement.	10,0	22,0	»
Charge limite d'élasticité :			
Traction	27,0	60,0	»
Cisaillement.	20,0	45,0	»
Charge de rupture :			
Traction	75,9	100,0	115,0
Cisaillement.	50,0	65,0	»
Coefficient d'élasticité :			
Traction et compression . . .	22,500	27,500	28,000
Cisaillement.	8,440	10,312	»
Allongement proportionnel à la limite d'élasticité :			
Traction	0,0012	20,200	»

La *charge limite d'élasticité* est la charge maximum en kilogrammes par millimètre carré de section que peut supporter un barreau de métal sans éprouver de déformation permanente.

La *charge de rupture* R est la charge maximum en kilogrammes par millimètre carré de la section primitive que peut supporter un barreau métallique sans se rompre.

Le rapport entre l'effort et l'allongement élastique constant pour un même métal est désigné sous le nom de coefficient d'élasticité.

La formule fondamentale reliant les allongements aux efforts de traction est donnée par la relation :

$$l = \frac{P \times L}{E \times \omega}$$

dans laquelle

l représente l'allongement du fil de longueur L et de section ω soumis à l'expérience,

P le poids qui détermine l'allongement,

E le coefficient d'élasticité.

La formule précédente s'applique également aux efforts de compression, mais l représente alors le raccourcissement.

L'acier utilisé dans les constructions et dans les ouvrages d'art est l'acier au carbone. Jusqu'ici les aciers spéciaux au nickel, au chrome, au tungstène, au molybdène ont été réservés à des usages particuliers en raison de leur prix de revient plus élevé. D'ailleurs, tels qu'ils sont livrés par l'industrie sidérurgique, les aciers au carbone de bonne fabrication répondent parfaitement à tous les besoins de la pratique des travaux publics.

Le congrès international de Philadelphie a divisé les métaux ferreux en deux catégories :

Acier
{ soudé (weld steel, Schweiss Stahl)
{ fondu (ingot steel, Fluss Stahl)

Fer
{ soudé (weld iron, Schweiss Eisen)
{ fondu (ingot iron, Fluss Eisen)

En France, on a plutôt l'habitude de désigner comme

acier, le composé ferreux, malléable et fondu.

fer, le composé ferreux, malléable et soudé.

Le carbone contenu dans l'acier se présente sous les divers états ci-après :

Le *carbone de cémentation* ou carbone du carbure normal de Ledebur. Fe^3C. C'est la cémentite. On l'obtient en traitant l'acier par l'acide sulfurique étendu à l'abri de l'air (Müller). L'attaque dure plusieurs jours.

Le *carbone de trempe* se trouve dans l'acier liquide. Au moment de la solidification, le graphite se sépare puis le carbure normal. Enfin si la température se maintient longtemps à l'incandescence, une partie du carbone passe à l'état de carbone du recuit L'attaque à froid par l'acide azotique laisse un résidu noir très différent du carbone du carbure qui est floconneux.

Le *carbone de recuit* n'est pas attaqué par les acides. Il se trouve dans les acides avec le graphite sous l'aspect d'une poudre noire. Il se distingue du graphite en ce qu'il est amorphe et non cristallisé. Il ne subit pas de modification au moment de la trempe.

Le *graphite* est formé de lamelles hexagonales plus ou moins disposées régulièrement dans la masse. Il n'est pas attaqué par les acides bouillants. Il ne se sépare du métal que pendant la solidification. Il se trouve en très faible quantité de l'acier ; souvent même il en est totalement absent. On le rencontre surtout dans la fonte grise qui lui doit sa couleur. Certains métallurgistes n'admettent pas l'existence du carbone de recuit qu'ils font rentrer dans le graphite.

Pratiquement, on distingue seulement :

Le *carbone combiné* qui se dissout complètement à chaud dans les acides azotique et chlorhydrique séparés ou mélangés. C'est la réunion des carbones de cémentation et de trempe.

Le *graphite* insoluble dans les acides précédents.

Le *carbone total* qui est la somme de tous les états du carbone.

Aciers spéciaux

Aciers au nickel

Ces produits jouissent d'une grande faveur dans l'industrie automobile. En pareille industrie il est de toute nécessité de se servir de métaux résistant à des vibrations et à des chocs continuels. Avec la vitesse énorme qu'atteignent les automobiles, il importe d'éviter la rupture d'un organe qui amènerait à peu près sûrement une catastrophe.

La fabrication des aciers à faible teneur en nickel se fait au four Martin en introduisant le nickel sous forme de déchets d'aciers au nickel ou de nickel métallique. Pour les aciers à haute teneur en nickel on préfère la fabrication au creuset.

Les aciers à teneur faible (jusqu'à 7 ou 8 0/0 de Ni) prennent la trempe d'une façon énergique et se laissent travailler ; ces produits conviennent comme pièces de machines. Les aciers de 10 ou 12 0/0 de nickel ont une limite élastique et une résistance élevée : ils se trempent encore énergiquement. On s'en sert comme organes destinés à résister à de grands efforts. Les aciers de 20 ou 25 p. 100 de nickel présentent une résistance et un allongement remarquables ; la trempe les adoucit et ils sont pratiquement inoxydables Ils se travaillent plus difficilement que les aciers au carbone. Leur emploi est tout indiqué dans les pièces fortement embouties devant subir l'action du feu ou sujettes à des détériorations. Les aciers à haute teneur en nickel ont une grande dureté : leur limite élastique est élevée. On s'en sert pour la confection de ressorts. L'alliage Invar à 56 p. 100 et l'alliage Platt-nite à 48,50 de nickel des usines d'Imphy peuvent servir dans les lampes à incandescence.

La Compagnie des Forges de Châtillon-Commentry et Neuves-Maisons fabrique des aciers à 25 p. 100 de nickel qui, d'après les renseignements qu'elle fournit, présentent les propriétés suivantes :

Désignations	E	R par m/m²	A 0/0	Usages
Tôles de 3 millimètres				
Long naturel	53,8	87,8	40	
Travers naturel . . .	53	89,8	38,5	
Long trempé	43,2	84,5	45,5	
Travers trempé . . .	42,7	85,3	45	Ressorts
Tôles de 2 millimètres				et câbles
				supportant
Long naturel	51,2	90.3	38	de
Travers naturel . .	50,4	89,8	33,5	
Long trempé	39,6	84,8	37	fortes
Travers trempé . . .	39,5	83,5	36	
Tôles de 1 millimètre 5				charges
Long naturel	55,3	90,5	30	
Travers naturel . . .	54,7	83,7	28	
Long trempé	33,9	79,5	41,5	
Travers trempé . . .	33	73,1	36,5	

Essais à la traction faits avant et après traitement sur des barreaux 13,8 × 100 des aciéries Schneider.

Teneur en nickel	Traitement	E par m/m²	R par m/m²	A 0/0	Usages
	Acier à 40ᵏ (doux).				
Acier à 1 0/0 Ni	Recuit à 900°	26	40	30	Pièces de machines, pièces cémentées. cônes, cuvettes, mouvements, pédaliers, axes, tôles, rivets.
	Trempé à l'eau à 900°	34	55	18	
	Acier à 50ᵏ (mi-doux).				
Acier à 3 0/0 Ni	Recuit à 900°	35	50	25	Produits ordinaires de forge (tôle, profilés, rivets), pièces de machines.
	Trempé et recuit	48	56	20	
	Acier à 70ᵏ (dur).				
	Recuit à 900°	42	60	20	Cadres, arbres, vilebrequins, essieux, manivelles, tiges de pistons.
	Trempé et recuit	58	68	15	
	Acier à 60ᵏ (mi-dur).				
Acier à 5 0/0 Ni	Recuit à 900°	44	62	20	Mêmes usages que le précédent.
	Trempé et recuit	62	72	15	
	Acier à 60ᵏ (mi-dur).				
	Recuit à 900°	52	72	15	Bouts d'essieux, fusées, moyeux, pignons, tiges de pompe, étriers, etc.
	Trempé et recuit	75	58	12	
Acier à 12 0,0 Ni	Recuit à 900°	72	140	6	Arbres divers, pistons, tiges de freins, clavettes, tubes à haute résistance.
	Recuit à 525°	80	95	12	

6,

Composition chimique et essais mécaniques effectu

Composition chimique						Aciers bruts — Essais à la traction			
C	Ni					R	E	A 0/0	Σ
0.120	2	»	»	»	»	35,9	29,5	23,0	73,0
0.120	15	»	»	»	»	97,9	86,0	0,5	0
0.120	30	»	»	»	»	45,0	29,5	29,5	63,9
0.800	2	»	»	»	»	89,0	45,5	15,7	24,1
0.800	15	»	»	»	»	45,5	33,8	4,0	5
0.800	30	»	»	»	»	79,7	48,1	32,5	50,0

... des aciers au nickel (L. Guillet).

| ...rge | | Aciers trempés — Essais | | | | | | |
| au choc (méthode Frémont) g. m. | à la dureté (méthode Brinnell) | à la traction | | | | au choc (méthode Frémont) kg. m. | à la dureté (méthode Brinnell) |
		R	E	A 0 0	Σ		
35,5	122	50	30,7	20	73,3	28	125
0	242	106,9	87,0	5,5	46,5	4	250
112,5	113	42,2	20,8	21	17,8	5	113
3	234	»	»	»	»	2	567
7	148	45,5	33,8	4	5	8	134
40	174	73,5	36,2	25	24,8	30	153

La Compagnie du chemin de fer de New-York Central and Hudson a mis à l'essai un lot important de rails en acier au nickel sur une partie de ses voies où il y a une assez forte pente et un trafic intense. Ces rails dont la composition chimique est la suivante : C = 0,42 Si = 1,0 Mn2 = 0,79 Ni = 3,38 P = 0,09 ont été fabriqués par les aciéries Carnegie.

Dans le pont cantilever de Blackwell's Island (New-York) dont les deux travées ont respectivement 360 et 300 mètres on a également employé l'acier au nickel.

L'Invar à 35 et 36 0/0 de nickel convient à la construction d'instruments géodésiques non dilatables, ainsi qu'à celle de chronomètres, d'appareils de précision, de transmissions rigides indéréglables pour la commande des signaux avancés des gares.

Aciers au manganèse.

Ces aciers sont d'un prix de revient inférieur aux aciers au nickel.

La fabrication des aciers à faible teneur en manganèse (5 0/0) se fait au four Martin. Celle des aciers à haute teneur (12 0/0) s'effectue au creuset. La matière première employée pour l'obtention de ces aciers est généralement le ferromanganèse à haute teneur que l'on prépare au four électrique. C'est d'ailleurs le même qui dans la fabrication des aciers doux sert à la désoxydation et à la désulfuration du bain.

Le garnissage du four ou du creuset doit se faire en magnésie si l'on veut éviter des détériorations.

L'acier à 5 0/0 de manganèse sert à la confection de mâchoires de broyeurs. L'acier à 12 0/0 de manganèse s'emploie pour faire des pièces moulées.

Aciers au chrome.

Ils s'obtiennent le plus souvent au creuset. Ils reviennent un peu plus cher que les aciers au nickel.

Un acier à 2 p. 100 de chrome et à 0,8 p. 100 de carbone convient à la fabrication d'obus de rupture. A une teneur plus élevée, on s'en sert pour les aciers à outils qui possèdent alors une dureté remarquable (outils de tours, outils à travailler les projectiles trempés et les bandages en acier dur, outils à forer, à raboter etc.). Dans d'autres cas, cet acier trouve son emploi dans la confection de fraises, tarauds, filières, lames d'alésage, cylindres de laminoirs, bandages de freins.

On forge ces aciers au rouge cerise et on les trempe à la température du rouge cerise naissant dans l'eau ordinaire, dans l'eau de chaux à 15° centigrades ou dans l'huile. La dureté acquise par ces produits paraît due au chrome lui-même qui est dur au point de rayer le verre.

L'acier chromé industriel contient ordinairement un autre métal tel que le nickel ou le tungstène.

Voici un exemple de la résistance à la traction offerte par un acier au nickel-chrome des aciéries Schneider et Cie (barreaux de 13,8 $\times$ 100).

Traitement	E par m/m²	R par m/m²	A 0/0
Acier à 60 k. (mi-dur)			
Recuit à 900°.	45	65	18
Trempé et recuit	65	77	14
Acier à 70 k. (dur).			
Recuit à 900°	54	75	14
Trempé et recuit	80	92	10

Composition chimique et essais mécaniques effectu...

Composition chimique						Aciers bruts d... — Essais à la traction			
C	Mn	Si	S	P		R	E	A 0/0	Σ
0 082	0.432	0.163	0.012	0.015	»	37,6	27,8	22,0	76,5
0.276	5.600	1.100	traces	0.015	»	71,9	71,9	0,2	2,9
0 396	33.480	1 505	0.005	0 018	»	61,4	34,2	45,0	74,6
0.873	0.461	1.351	0.024	0.020	»	114,9	59,5	6,0	9,0
0.762	5.112	1 111	0.011	0.013	»	86,6	60,2	2,0	3,0
0.960	12.096	0.876	0.013	0.011	»	89,6	61,8	15,0	14,7

des aciers au manganèse (L. Guillet).

...ge		Aciers trempés — Essais					
à choc (méthode Frémont) kg. m.	à la dureté (méthode Brinnell)	à la traction				au choc (méthode Frémont) kg. m.	à la dureté (méthode Brinnell)
		R	E	A 0/0	Σ		
38	87	44,4	26,3	17	74,2	39	105
3	418	67,5	67,5	10	73,4	2	418
28	134	63,3	33,9	47	73,5	33	134
3	217	»	»	»	»	0	532
0	418	54,3	42,7	1	0	4	248
23	202	79,1	41,4	13	13,5	32	196

Composition chimique et essais mécaniques effec...

| Composition chimique | | | | | | Aciers l
—
Essai à la traction | | | |
C	Cr	Si	S	P	Mn	R	E	A 0.0	Σ
0 043	0 703	0.971	traces	0.015	0 0?0	35,4	22,6	25,0	74,
0.154	10.136	0.200	0 028	0.006	»	139.3	101,7	1,0	0
0.464	31.746	0.373	0.006	0.024	traces	57.5	43.3	12,0	50,
0 865	0.519	0 243	0 017	0 015	0.027	109,2	79,1	3,5	16,(
0.751	9 376	0.885	0.005	0 024	traces	94,1	79,1	13,0	0
0.828	36.340	0.326	0.014	0 026	»	»	»	»	»

» des aciers au chrome (L. Guillet).

| forge | | Aciers trempés — Essais | | | | | | |
| au choc (méthode Frémont) g. m. | à la dureté (méthode Brinnell) | à la traction | | | | au choc (méthode Frémont) kg. m. | à la dureté (méthode Brinnell) |
		R	E	A 0/0	Σ		
32	95	»	»	»	»	»	»
9	387	»	»	»	»	»	»
1	156	»	»	»	»	»	»
3	310	»	»	»	»	»	»
3	387	»	»	»	»	»	»
2	228	»	»	»	»	»	»

Aciers au tungstène.

On les obtient au creuset à température élevée. Ils donnent notamment d'excellents outils à grande vitesse, tours, mortaiseuses, raboteuses, fraiseuses, ainsi que des ressorts de bonne qualité. A l'état trempé, on s'en sert pour faire des outils à tourner les métaux durs, des lames d'alésage de canons, des mèches américaines, des fraises pour métaux durs.

On forge ces produits au rouge cerise et on les trempe au rouge cerise sombre.

L'acier au tungstène rentre dans la catégorie des aciers auto-trempants. Il est tellement dur qu'il ne peut être travaillé ni au tour ni à la lime. Pour le façonner, il faut le forger puis le meuler. La chaleur diminue très peu sa dureté, ce qui est précieux pour les outils à grande vitesse de coupe. Cet acier retient une grande quantité de magnétisme rémanent ; ce phénomène maximum pour une teneur de 7,5 p. 100 de tungstène montre que ce produit convient pour la fabrication des aimants permanents.

Aciers au molybdène.

Ces aciers offrent beaucoup d'analogie avec les aciers au tungstène, mais ils coûtent plus cher, ce qui est un obstacle à leur développement. On les utilise cependant comme outils a grande vitesse, arbres de couche de grande dimension, manivelles pour navires. L'addition de molybdène fournit des outils pouvant travailler des pièces d'acier très dur telles que l'acier chromé.

Aciers au silicium.

Ces produits possèdent une grande résistance au choc Ils ont en même temps une limite élastique élevée. On les obtient au four Martin sur sole acide. Leur teneur en silicium est assez peu élevée. Ils servent à la confection des ressorts.

Aciers au vanadium.

Un acier à faible teneur en vanadium est un alliage très dur dont la charge de rupture et la limite élastique sont élevées. Ils présentent cette particularité de ne pas diminuer l'allongement et de ne pas être fragiles.

Les aciers spéciaux page 116 sont les aciers industriels les plus importants. On fabrique en outre des aciers au titane, au cobalt, à l'étain, au cuivre, à l'aluminium, au bore, etc. ; mais pour l'instant ces aciers sont d'un prix bien élevé en regard des avantages que présentent quelques-uns d'entre eux. Parmi les usines françaises qui s'occupent de la fabrication d'aciers spéciaux, il faut citer la Compagnie de Châtillon-Commentry et Neuves-Maisons, les aciéries et forges de Firminy, d'Imphy, Schneider et Cie, J. Holtzer, les forges et aciéries de la Marine, etc.

Aciers quaternaires.

Des essais ont été faits sur des aciers quaternaires, c'est-à-dire formés de quatre corps différents dont le fer et le carbone constituent deux d'entre eux. Quelques-uns ont donné de bons résultats et s'emploient dans l'industrie.

On trouve l'utilisation des aciers nickel-chrome dans a fabrication des plaques de blindage, des projectiles de perforation (2,5 Ni + 0,5 Cr), des pièces d'automobiles (0,3 C + 2,5 Ni + 0,5 Cr), des plaques de pare-balles (22 Ni + 2,5 Cr   25 Ni + 2,5 Cr).

Des aciers au chrome-vanadium (0,7-0,8 Cr + traces Va) sont fabriqués en Angleterre pour pièces d'automobiles (arbres vilebrequins).

Composition chimique et essais mécaniques effe...

Composition chimique						Aciers ... Ess... à la traction ...			
C	W	Mn	Si	S	P	R	E	A 0/0	Σ
0.117	0.412	traces	0.035	traces	0.130	41,1	30,1	19,0	66,
0.173	11.890	0 067	0.046	0.013	0.008	86,6	79,1	5,0	47,
0.276	27.750	»	0.139	0.012	0.016	67,0	56,4	2,5	0
0.861	0.397	0.027	0.040	0.023	0.012	103,2	56,4	6,0	17,
0.815	9.991	»	0.093	0.014	0.015	134,8	101,7	2,5	3,
0.867	39.967	»	0.280	0.017	0.006	113,0	94,1	0,5	0

...des aciers au tungstène (L. Guillet).

...rge		Aciers trempés — Essais						
choc	à la dureté	à la traction				au choc	à la dureté
(méthode ...mont)	(méthode Brinnell)	R	E	A 0/0	Σ	(méthode Frémont)	(méthode Brinnell)
...m.						kg. m.	
5	97	»	»	»	»	»	»
6	223	»	»	»	»	»	»
6	217	»	»	»	»	»	»
1	241	»	»	»	»	»	»
5	302	»	»	»	»	»	»
6	351	»	»	»	»	»	»

Composition chimique et essais mécaniques effec

Composition chimique						Aciers — Essa à la traction			
C	Mo	Si	S	P	Mn	R	E	A 0/0	Σ
0 188	0.450	0 117	0.009	0.018	0 070	48,9	37,6	18,5	69,
0 138	2.290	0.128	0.009	0.021	0.168	82,8	67,7	7.5	12,
0.289	4.500	0.117	0.039	0.026	0.500	130,6	103,2	6,0	7,
0.735	0.504	0.210	0.032	0.021	0.260	115,2	82,8	7,0	7,
0.824	5.750	0.304	0.023	0.020	0.380	»	»	»	»
0.692	14.640	0,373	0.090	0.032	0.230	»	»	»	»

des aciers au molybdène (L. Guillet).

		Aciers trempés					
		Essais					
au choc	à la dureté	à la traction				au choc	à la dureté
(méthode Frémont)	(méthode Brinnell)	R	E	A 0/0	Σ	(méthode Frémont) kg. m.	(méthode Brinnell)
kg. m.							
124	131	84,3	48,3	2	12,7	5	207
115	212	82,8	82,8	6	11,5	7	228
3	387	122,0	84,3	2	12,7	5	444
1	286	»	»	»	»	0	512
»	»	»	»	»	»	»	»
»	»	»	»	»	»	»	»

Composition chimique et essais mécaniques effectu...

	Composition chimique				Aciers br... — Essais à la traction				
						R	E	A 0/0	Σ
C	Si	S	P	Mn					*Acie...*
0.20S	0.409	0.061	0 117	0.717	»	60,2	45,2	17,0	57,2
0.216	7.170	0.030	0.025	0.450	»	»	»	»	»
0.277	25.500	0 008	0.015	0 674	»	61,7	52,6	0	0
0.878	0.433	0 013	0.057	0.730	»	115,2	62,5	5,5	10,4
0.808	7.310	0 025	0.020	0 505	»	»	»	»	»
0.431	26.800	»	»	0.758	»	»	»	»	»

C	Va	Mn	Si	S	P	R	E	A 0/0	Σ
0.114	0.290	6.125	0.105	0.031	0.031	43,8	30,2	24,0	62,5
0.130	1 540	0.380	0.248	0.048	0.015	56,4	44,8	19,0	72,5
0.120	10.275	traces	0.539	0.160	0.016	46,5	25,3	21,0	53,1
0.816	0.250	0.445	0.326	0.037	0.031	88,5	43,8	8,0	20,3
0.618	1.580	0.340	0.292	0.021	0.(53	94,9	64,1	9,0	31,3
0.85S	10.250	0.562	0.993	0.048	0.049	62,5	31,6	12,0	37,5

Aciers...

r des aciers au silicium et au vanadium (L. Guillet).

| ...rge | | Aciers trempés — Essais | | | | | | |
| au choc (méthode Frémont) kg. m. | à la dureté (méthode Brinnell) | à la traction | | | | au choc (méthode Frémont) kg. m. | à la dureté (méthode Brinnell) |
		R	E	A 0,0	Σ		
...ilicium							
6	153	83,8	50,9	9	28,5	6	223
»	»	»	»	»	»	»	»
0	248	62,7	52.7	0	0	3	311
2	302	121,9	97,7	13	8,0	5	555
»	»	»	»	»	»	»	»
»	»	»	»	»	»	»	»
...vanadium							
30	140	54,6	49,2	22,5	66,5	10	156
30	159	1,7	52,1	14	67,1	18	156
4	118	46,9	26,2	22	55,8	2	124
3	286	115,3	103,0	6	12,0	0	600
3	262	112,2	101,1	13	13,0	3	321
0	179	58,2	42,3	17,5	33,2	0	187

7.

Propriétés magnétiques d'aciers de diverses compositions

Déterminations faites sur des barreaux de 0 m. 20 de longueur et 0 m. 01 de côté
(Mme Sklodowska Curie).

Nature et origine des barreaux	Métal spécial en pour 100	Carbone en pour 100	Température de trempe en degrés C	Champ coercitif Hc	Intensité d'aimantation rémanente Ir	Induction rémanente Br
Aciers au nickel	Nickel					
Fourchambault Ni$_1$.	3,6	0,57	730	55		
— Ni$_2$.	3,0	0,70	730	48	»	»
— Ni$_3$.	3,7	1,21	730	48	»	»
Aciers au manganèse	Manganèse					
Fourchambault A	0,7	0,46	780	32	»	»
= B	1,8	1,18	780	164	»	»
— C	2,2	1,94	780	55	»	»
Hadfield. Recuit	13	1,0?	»	55	»	»
— Trempé	13	1,0?	800	35	»	»

Aciers au chrome	Chrome						
Assailly C₁		2.5	0.50	900	45	460	5,770
— C₂		2,8	0,82	900	56	500	6,250
— C₃		3,4	1,07	850	57	530	6,750
Aciers au tungstène	Tungstène						
Assailly V₁		2,9	0,55	850	51	460	5,750
— V₂		2,7	0,76	850	66	510	6,375
— V₃		2,7	1,10	830	68	500	6,250
Châtillon et Commentry a . .		3,2	0,77	»	65	550	6,875
— b . .		2,7	1,02	800	69	540	6,750
— c . .		3,5	1,53	1000	50	320	4,000
Bochler (Styrie) spécial très dur		2,9	1,10	850	74	530	6,250
— Boréas non trempé		7,7	1,96	»	45	350	4,375
— — trempé		7,7	1,96	800	85	370	4,625
Aciers au molybdène	Molybdène						
Châtillon et Commentry A .		3,5	0,51	850	60	530	750
— B		3,4	1,25	800	82	480	6,000
—		4,0	1,24	800	85	530	6,750
— C.		3,9	1,72	770	73	510	6,375
— »			1,72	800	78	560	7,000
Aciers au silicium	Silicium						
Châtillon et Commentry I .		0,11	0,91	780	54	»	»
— II .		0,64	0,91	780	50	»	»
— III .		1,28	0,72	780	34	»	»

Aciers à coupe rapide.

Ces aciers conservent la propriété de prendre la trempe lorsqu'ils sont portés au rouge sombre par suite du travail intense auquel ils sont soumis

Ils permettent d'atteindre des vitesses et des profondeurs de coupe considérables. Les copeaux métalliques qu'ils débitent sont énormes, très épais et sortent au rouge sombre sur la machine-outil.

Composition chimique (acier White et Taylor 1906).

Tungstène.	18,91
Chrome	5,47
Carbone	0,11
Vanadium	0,29
Silicium	0,04

On emploie cet acier dans les grands ateliers pour outils de coupe (burins de tour, de raboteuse, forets, fraises, etc.). La production industrielle est de beaucoup augmentée par l'emploi de ce métal qu'on obtient à 1200° et qu'on refroidit simplement ensuite dans un courant d'air.

ESSAIS DES METAUX FERREUX

Essais chimiques.

Les méthodes employées pour la détermination de la composition chimique des métaux ferreux sont nombreuses et variées. Les unes sont d'une grande précision ; malheureusement elles sont, le plus souvent, longues et délicates. D'autres, moins précises, sont d'une exécution plus rapide et conviennent mieux à l'industrie sidérurgique qui a besoin la plupart du temps d'être immédiatement renseignée sur la marche d'une opération.

Voici le principe de méthodes simples consacrées par la pratique :

Dosage du carbone. — Le carbone combiné se détermine assez vite au moyen du procédé Eggertz qui consiste à dissoudre le fer ou l'acier dans de l'acide azotique étendu (densité 2,20). Le carbone combiné communique à la solution une coloration jaune ou brune dont l'intensité est proportionnelle à la quantité de carbone dissous. Si l'on compare cette coloration à celle obtenue dans des conditions identiques avec un fer ou un acier à teneur en carbone connue, on conçoit aisément qu'il est possible de connaître la proportion de carbone cherchée. Le type choisi pour la comparaison a une teneur en carbone déterminée par une méthode pondérale.

L'observation des teintes est facilitée par l'emploi d'un colorimètre.

Pour doser le graphite, on dissout le métal dans l'acide chlorhydrique. Le résidu (graphite + silice gélatineuse) est recueilli sur un filtre d'amiante, puis traité par une solution chaude de potasse qui dissout la silice et laisse intact le graphite ; ce dernier est lavé, puis chauffé au rouge et pesé.

Dosage du manganèse. — Ce dosage est basé sur la réaction suivante :

Si dans une liqueur contenant du manganèse, on projette une petite quantité de minium ou de peroxyde de plomb, il se produit une coloration violette due à la formation d'acide permanganique. Cette teinte est d'autant plus intense que la teneur en manganèse est plus élevée. En établissant la comparaison avec une solution titrée de permanganate de potassium, on peut ainsi connaître la teneur cherchée.

L'opération s'effectue de la façon suivante :

Dans un ballon en verre de 100 centimètres cubes de capacité, contenant 20 centimètres cubes d'acide nitrique de densité 1,20, on dissout 1 gramme de limaille d'acier. L'attaque extrêmement vive se faisant avec dégagement de vapeurs nitreuses abondantes, il est nécessaire d'ajouter la quantité d'acide par petites portions successives. On complète l'attaque en chauffant le ballon de manière à déterminer l'ébullition du liquide.

Après refroidissement, on transvase la liqueur dans un récipient gradué et on complète le volume avec de l'eau distillée, de manière à obtenir 100 centimètres cubes. A l'aide d'une pipette divisée, on prend 20 centimètres cubes de cette liqueur représentant 0 gr. 2 d'acier. On verse cette quantité dans un petit ballon jaugé à 50 centimètres cubes. On ajoute 15 centimètres cubes d'acide nitrique pur à 36° B. bien exempt d'acide nitreux. On mélange le tout et l'on porte le ballon sur un bain de sable placé au-dessus d'un fourneau à gaz. On élève la température de manière à atteindre 90° C., ce que l'on obtient facilement en se servant d'une autre fiole de même capacité contenant de l'eau et un thermomètre.

On laisse alors tomber dans le liquide environ un gramme de minium débarrassé, par une calcination préalable, des matières organiques qu'il peut contenir. Il se produit immédiatement une coloration rouge. On agite le ballon de manière à répartir le minium dans toute la masse ; l'excès de ce sel se dépose au fond du récipient. On maintient trois à quatre minutes à cette température et on fait une nouvelle addition de minium. On retire aussitôt le ballon que l'on refroidit rapidement. On complète le volume à 50 centimètres cubes avec de l'eau distillée. On mélange et on verse le tout sur un filtre en amiante calciné.

La coloration violette du composé permanganique filtré est comparée à celle d'une solution titrée centinormale de permanganate de potassium contenant 1 gr. 582 de ce sel par litre d'eau. Selon l'intensité de la teinte, il peut y avoir avantage à étendre cette liqueur, au moment de l'emploi, d'une quantité convenable d'eau distillée. Le titre de cette solution est déterminé au moyen de l'acide oxalique par les procédés ordinaires.

La comparaison des teintes se fait avec facilité au moyen d'un colorimètre. Si l'on se sert du colorimètre Duboscq, par exemple, on introduit une petite quantité de la solution de permanganate de potassium dans l'un des godets, et l'on fait varier le prisme plongeur de manière à avoir une couche liquide d'une épaisseur égale à un nombre exact de divisions (1 ou 10 divisions, par exemple, suivant que l'on opère avec une solution centinormale ou millinormale). La liqueur à essayer est versée dans l'autre godet ; on agit sur le prisme plongeur correspondant de manière à obtenir l'égalité des teintes. Un calcul très simple donne la teneur en manganèse.

Désignant, en effet, par :

Q, la quantité de manganèse contenue dans 50 centimètres cubes de la solution de permanganate de potassium ;

n, le nombre de divisions lues à l'échelle du colori-mètre, la solution type centinormale correspondant à 1 division ;

N, la teneur pour 100 en manganèse de l'échantillon essayé, on a pour 0 gr. 2 d'acier prélevé la relation.

$$N = \frac{\dfrac{Q}{n} \times 100}{0,2}$$

ou

$$N = \frac{500 \times Q}{n}$$

Si la solution centinormale de permanganate de potassium contient exactement 0,0276 de manganèse pour 50 centimètres cubes, l'équation précédente devient :

$$N = \frac{13,80}{n}.$$

On peut encore remplacer la liqueur de permanganate titrée par une solution provenant d'un acier type dont la teneur en manganèse est connue.

En deux heures, on peut ainsi faire l'essai d'une série d'échantillons, à la condition, toutefois de disposer d'une liqueur titrée préparée.

Quelques usines emploient un procédé de dosage basé sur la comparaison des teintes que présentent des solutions à teneurs diverses de métaphosphates manganiques. On emploie à cet effet du métaphosphate de sodium et du bioxyde de plomb (procédé Osmond).

Dosage du phosphore. — On prend 5 grammes de métal que l'on dissout dans l'acide azotique étendu (densité 1,20). On sépare la silice par évaporation à sec, on précipite l'oxyde ferrique et l'anhydride phosphorique par l'ammoniaque. On ramène successivement le phosphore à l'état de phosphate de sodium par voie sèche et à l'état de phosphate ammoniaco-magnésien par la mixture magnésienne. En calcinant le phosphate ammoniaco-magnésien on a du pyrophosphate de magnésium duquel on déduit la proportion de phosphore. $P = 0,279 \times P_2O_7Mg_2$. — Méthode sûre.

On emploie aussi pour le dosage du phosphore une autre méthode dite au molybdate d'ammonium.

Dosage du silicium. — On dissout 5 grammes de métal dans l'acide azotique étendu. On oxyde le silicium par le chlorate de potassium. On évapore à sec, on recueille la silice insoluble dans les acides. $Si = 0,467 \times SiO_2$.

Dosage du soufre. — Le dosage du soufre se fait assez rapidement en faisant dégager les gaz produits dans l'attaque du métal par l'acide chlorhydrique dans une solution oxydante comme le permanganate de potassium. L'acide sulfurique produit est ensuite précipité par le chlorure de baryum ; le sulfate de baryum formé est recueilli sur un filtre, calciné et pesé. $S = 0,137 \times SO_4Ba$.

Un essai immédiat permettant de connaître la présence ou l'absence du soufre consiste à traiter dans un verre quelques grammes de métal par de l'acide sulfurique étendu On recouvre le liquide d'une mince couche de benzine et on obture la partie supérieure du vase avec un papier imprégné d'acétate de plomb. Le papier, sous l'action de l'hydrogène sulfuré qui se dégage dans le cas de soufre contenu dans l'échantillon se recouvre d'une teinte noire que l'on peut comparer avec celles qui ont été obtenues sur des papiers identiques par l'attaque d'aciers à teneurs connues en soufre.

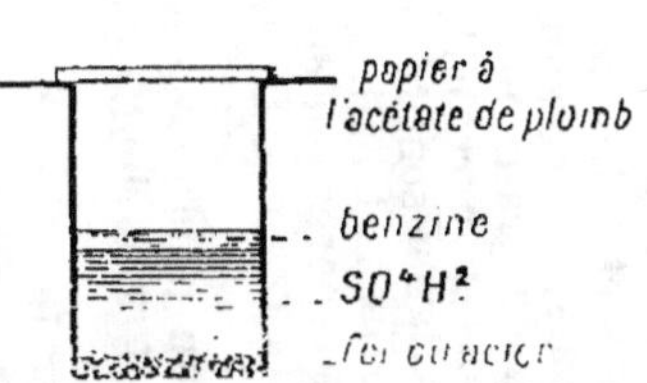

Fig. 19. — Dosage rapide du soufre.

Le dosage des autres éléments de l'acier se fait, s'il y a lieu, par des procédés rentrant dans le domaine de la chimie analytique.

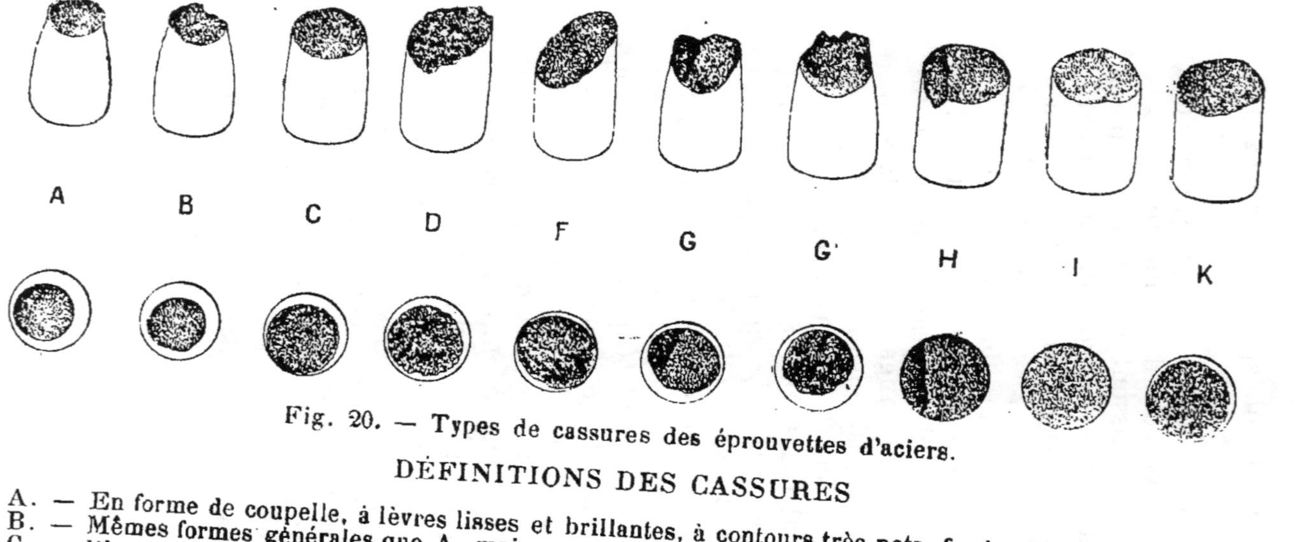

Fig. 20. — Types de cassures des éprouvettes d'aciers.

DÉFINITIONS DES CASSURES

A. — En forme de coupelle, à lèvres lisses et brillantes, à contours très nets, fond gris terne.

B. — Mêmes formes générales que A, mais un peu embrouillées.

C. — Plane, normale à l'axe. Un anneau de grains brillants entoure une partie grise et terne.

D. — Cette cassure rappelle celle du bois pourri. Elle est caractérisée généralement par des lignes parallèles appelées *Travers*. Ces lignes sont toujours parallèles à l'axe longitudinal de la pièce.

F. — Cassure en sifflet ; surface oblique, lisse et brillante.

G. — Cassure formée par plusieurs sifflets séparés par des parties brillantes, *Pailles* ou *Soufflures*. Ces parties, comme les *Travers* de la cassure D, sont toujours parallèles à l'axe longitudinal de la pièce.

G′. — Cassure analogue à G, mais avec un plus grand nombre de défauts.

H. — Cassure plane, normale à l'axe, à grains brillants traversés par une paille. — Hn, quand la paille est noire.

I. — Cassure plane, normale à l'axe, à grains fins.

K. — Cassure plane, normale à l'axe, à gros grains brillants.

Essais physiques.

Cassure. — L'examen de la cassure d'une barrette de métal a, pour le métallurgiste, une grande importance.

La cassure d'une éprouvette rompue par un essai de traction affecte, en général, l'une des formes de la page 126, désignées par des lettres.

Densité. — Lorsqu'on veut connaitre la densité d'un métal ferreux, on prend un échantillon de forme géométrique simple (cube, parallélipipède, cylindre) et on détermine sa densité d'après la moyenne de cinq échantillons essayés à la balance hydrostatique.

Essais mécaniques.

Ces essais sont assez nombreux. Les principaux d'entre eux sont les suivants :

Essais de traction. — Ils se font sur des éprouvettes généralement cylindriques tenues entre les mâchoires ou mordaches d'une machine de traction. Les machines employées sont à leviers simples ou multiples (Kirkaldy, Falcot, etc.) à manomètres ou hydrauliques (Thomasset, Maillard, Werder, Adamson) (voir les tableaux pages 128 à 133).

Essais de compression. — Ils se font souvent au moyen de machines de traction auxquelles on ajoute un appareil de réversion.

Essais au choc. — Pour ces essais on emploie un mouton tombant librement d'une hauteur déterminée (voir les tableaux pages 134 à 137).

Essais de flexion. — Ils sont effectués à l'aide des appareils Monge, Marié, Thomasset, etc. suivant les pièces qu'on expérimente (voir le tableau pages 142-143).

Essai des fontes

Relevé des conditions imposées par divers

Administrations et compagnies diverses	Désignation des matières auxquelles se rapportent les cahiers des charges	État des barreaux	Section des barreaux	Dimension de la section
Artillerie de terre (Inspection des forges)	Fonte à canon.	Brut	Ronde	$D = 20$ m/m
Artillerie de mer	»	»	»	»
Compagnie des chemins de fer du Nord.	Constr. métalliques	Brut	Carré	$C = 20$
Compagnie des chemins de fer de l'Est.	»	»	»	»

la traction

Cahiers des charges (d'après M. Durant).

Longueur utile des barreaux	Conditions imposées		Durée d'application des charges		Augmentation progressive des charges successives par millimètre carré	Observations
	Charge initiale par m/m carré de section	Charge de rupture par m/m carré de section	initiales	successives		
200 m/m	»	18 k.	»	»	»	Le mode de coulée des bar-reaux est le même que pour les essais de flexion et de choc.
»	»	»	»	»	»	
200	11 k.	12	5'	1'	0 k. 500	
»	»	»	»	»	»	

Essais des fonte

Relevé des conditions imposées par diver

Administrations et compagnies diverses	Désignation des matières auxquelles se rapportent les cahiers des charges	Type de l'appareil d'essai	Section des barreaux	Longueur des barreaux
			millim.	millim.
Artillerie de mer	Fonte à canon . . .	Joëssel	50×30	600
	Fonte supérieure de mouleries, dite de Ruelle.	Idem	50×50	600

a flexion

hiers des charges (d'après M. Durant).

| Distance des couteaux | Charges que doivent supporter les barreaux sans se rompre | | État des bar- reaux d'essai | Observations |
	totale	Par millim. carré de section		Mode de coulée des barreaux
millim.	kilogr.	kilogr.		
500	3.700	37	Rabotés	Coulée d'un bloc unique dans lequel sont découpés tous les barreaux d'essai.
500	3,500	21	Idem	Coulés de bout dans un moule en sable étuvé avec masselotte.

Ess...

Produits bruts de fo...

Désignation des administrations	Désignation des pièces	Mode de prise	Préparation	Dimensions en millimètres
	Tôles de fer (17 février 1868)	Dans les chutes	Découpées à froid	200 e $\{$ $e > 5\,l = 30$ $e < 5\,l = 20$
Marine française	Bandes de plus de 5ᵐ de longueur et de moins de 0ᵐ50 de largeur. (17 février 1868).	Idem	Idem	Idem
	Profilés en fer (17 février 1868) { Cornières.	Idem	Idem	Idem
	⌐, I	Idem	Idem	Idem

Essai de traction

(d'après M. Barba).

Subdivisions	Sens par rapport au laminage	Charge initiale par millimètre carré	Conduite de l'essai	Résultats minima moyens		Résultats minima individuels	
				Résistance par millim. carré	Allongement p. 100	Résistance par millim. carré	Allongement p. 100
Qualité commune	Long et travers	25k.		28k	3,5	25k.	2,5
Qualité ordinaire	Idem . . .	28	Charge initiale maintenue 5 minutes. Puis, charges nouvelles toutes les minutes à raison de 1/4 de kilog. par millimètre car.	31	5	28	4
Qualité supér. .	Idem . . .	29		32	7	29	5,5
Qualité fine . .	Idem . . .	29		35	10	30	7,5
Qualité commune { Long . . .	»			32	6	»	»
{ Travers. . .	»			26	2,5	»	»
Qualité ordinaire { Long . . .	»			34	9	»	»
{ Travers. . .	»			28	3,5	»	»
Qualité ordinaire	»	30		34	9	»	»
Qualité supér. .	»	32		35	12	»	»
Qualité commune	»	28		32	6	»	»
Qualité ordinaire	»	30		34	9	»	»

Essais de flexion par ch[...]

Désignation des administrations	Désignation des pièces		Disposition des pièces	Écartement [...]
Compagnie de l'Ouest	Brancards en acier pour voitures et wagons (août 1886 et mars 1890).	De 200 sur 90	Sur champ	1ᵐ5[...]
		De 235 sur 95	Idem	1 5[...]
		De 255 sur 106	Idem	1 5[...]
		De 200 sur 90	A plat	1 5[...]
		De 285 sur 95	Idem	1 5[...]
		De 255 sur 106	Idem	1 5[...]
Compagnie de P.-L.-M.	Eclisses en acier pour rails à double champignon (18 déc. 1890).	Ordinaires	Assemblées deux à deux	1 10[...]
		Renforcées	Idem	1 10[...]
	Eclisses-cornières en acier (10 janvier 1891).	Modèle P.-L.-M.-A.	Idem	1 10[...]
		Modèle P.-M.	Idem	1 10[...]
		Modèle L.-P	Idem	1 10[...]
	Selles en acier, modèles P.-M. et P.-L.-M.-A. (10 juillet 1888).		Les talons en dessus et la ligne de pliage parallèle aux talons.	0 16[...]

ar ch les pièces (d'après M. Barba).

Poids du mouton	Poids de la chabotte	Hauteur de chute	Condition de recette	Observations
100ᵏ	»	4ᵐ00	Pas de crique ni indice de rupture.	
100	»	6 00	Idem.	
200	»	8 00	Idem.	
100	»	2 00	Flèche de 350ᵐ/ᵐ, puis redressement sous les mêmes chocs sans crique ni gerçure.	
100	»	2 50		
200	»	3 00		
400	»	1 00	Pas de rupture.	
600	»	2 00	Idem.	
600	10.000ᵏ	1 20	Idem.	L'enclume doit reposer sur un massif en maçonnerie de 1ᵐ00 de hauteur et d'une base de 3ᵐ²3.
600	10 000	1 30	Idem.	
600	10 000	2 00	Idem.	
31	800	2 00	Flèche moyenne maxima : 10ᵐ/ᵐ; flèche isolée : 14ᵐ/ᵐ; pas de criques ni fentes sous un 2ᵉ choc.	On poursuit jusqu'à rupture.

Essais de ployage par cho[...]

Désignation des administra-tions	Désignation du produit		Eprouvett[...]	
			Mode de prise	Prépara-tion
Artillerie de marine	Aciers pour canons (12 juil. 1889)	Corps, tubes, jaquettes, frettes, viroles, pièces de culasse.	Dans les rondel-les détachées après trempe.	Découpée[s] à froid

Ces épreuves de ployage [...]
découper des barreaux carré[...]

…ur éprouvettes (M. Barba).

Dimensions en m/m	Poids du mouton	Poids de l'enclume	Hauteur de chute	Nombre de chocs avant rupture	Angle maximum de pliage après rupture	Observations
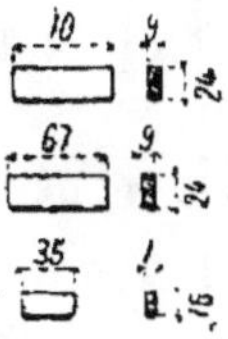	10k	165k	0^m50	12	120°	Les machines de ployage doivent être telles que les lames soient prises dans un étau sur le tiers de leur longueur et que le choc à chaque coup s'exerce normalement à la lame essayée. Par *angle de pliage* faut entendre l'angle des faces de la lame pliée.
	10	165	0 50	11	125	
	10	165	0 25	8	135	

…sont exécutées que s'il est impossible de …aux dimensions exigées

Epreuve de l'escarpolett[e]

Désignation des administrations	Désignation des pièces		Hauteur de chute
Artillerie de terre. (1er juillet 1887).	Essieux en fer		2m11
	Essieux en acier.		2 11
	Essieux des équipages militaires.	nos 1 et 2 .	2 11
		nos 3 et 4 .	2 11
Bureau Véritas.	Pièces en acier coulé		2 00 à 3 60
			3 60
	Ancres en acier coulé		3 60

olch (Barba).

Conditions de recette	Observations
Ni crique ni gerçure	Epreuve individuelle.
Idem.	Idem.
Flèche de 0"15.	Epreuve à outrance.
Flèche de 0"16.	Idem.
Ni criques ni gerçures compromettant la solidité de l'essieu.	
Pas de fracture ni de signe de fatigue	La chute se fait sur un terrain dur.
Pas de rupture	Ancre tombant à plat sur une sole métallique.
Idem	Ancre tombant de champ, le diamant en bas, sur deux blocs métalliques.

Mandrinage par ch[...]

Désignation des administrations	Désignation des pièces
Artillerie de marine	Frettes en acier. (12 juillet 1889). $\left\{\begin{array}{l}\text{Diamètre} > 570^{m}/_{m} \\ \text{Diamètre} \left\{\begin{array}{l}< 570^{m}/_{m} \\ > 350^{m}/_{m}\end{array}\right. \\ \text{Diamètre} < 350^{m}/_{m}\end{array}\right.$
Artillerie de terre	Frettes en acier fondu pour canons de $155^{m}/_{m}$ courts (20 juillet 1890). . . . . . . Ecrous en fer (1er juillet 1887). . . . . .

. Barba).

Forme du mandrin	Distension totale par mètre	Dilatation permanente maxima par mètre	Observations
Tronconique, à génératrices inclinées de 1/200ᵉ sur l'axe. . .	$3^{m}/^{m}5$	$1^{m}/^{m}6$	Epreuve individuelle.
	4 0	1 6	Idem.
	4 5	1 6	Idem.
Plein, conique ou cylindrique.	5 0	3 0	Idem.
		3 5	Pour frettes et bouches de volée.
Conique . .	Agrandissement du trou jusqu'à rupture. Avant rupture, l'augmentation du diamètre doit être de 20 p. 0/0 au minimum.		

Essais de flexio[n]

Désignation des administrations	Désignation des pièces		Disposition des pièces
Compagnie P.-L.-M.	Eclisses-cornières en acier. (10 janvier 1891).	Modèle P.-L.-M. A.	Bouts de rails Vignole éclissés, reposant par les champignons sur les appuis.
		Modèle P.-M.	Bouts de rails Vignole éclissés, reposant par les champignons sur les appuis.
		Modèle L.-P.	Bouts de rails Vignole éclissés, reposant par les champignons sur les appuis.

(M. Barba).

Écartement des appuis	Pression au milieu	Flèche	Conditions de recette	Observations
1^m00	8.000k	Insensible.	»	Les pressions de 8.000, 9.000 et 10.500 kilogr. sont maintenues en action pendant 5 minutes.
	16.500	»	Ni rupture ni fente	
1 00	9.000	Insensible.	»	
	17.500	»	Ni rupture ni fente.	
1 00	10.500	Insensible.	»	On poursuit l'épreuve jusqu'à rupture.
	21.000	»	Ni rupture ni fente.	

*(Expériences faites sous la direction de M. Mesnage
nationale des Ponts et Chaussées). Communication
construction 1907.*

Nature du métal	Pièce dont il est extrait	Lieu de provenance
Fer de Suède coulé . . .	barre	Usine de Mazières
—	—	—
—	—	—
Fer ordinaire laminé . .	plat	inconnu
Fer supérieur laminé . .	barre	Le Creusot
—	—	—
Acier laminé	plat	ateliers Moisant
—	profilé	Pompey
Acier Martin laminé . .	barre	Le Creusot
Acier Bessemer laminé .	—	—
Acier fondu	voussoir	Firminy

de Brinell

ingénieur en chef, Directeur des laboratoires de l'Ecole
Association internationale pour l'essai des matériaux de

| | Essai de traction | | Essai à la bille de 10ᵐᵐ sous 3.000 kg. (1) | |
| Etat du métal essayé | Résistance rapportée à la | | Essai de 1901 Presse | Essai de 1907. Appareil des établissements Cail-Denain |
	section initiale Kg	section actuelle du métal étiré		
náturel	38,0	»	109	»
recuit	36,0	»	114	»
trempé	55,5	»	194	»
náturel	34,3	»	99	»
recuit	34,6	»	103	»
trempé	»	46,1	116	»
náturel	41,9	»	113	113
naturel	34,2	»	104	104
recuit	35,2	»	»	98
recuit	41,7	»	112	112
recuit	55,8	»	161	161

(1) Nombre de dureté.

9

Essais d'emboutissage.

Artillerie de terre (1ᵉʳ juillet 1887) { Tôles de fer au bois de 3ᵐ/ₘ et au-dessus. } { On bat les tôles pour leur faire prendre une forme concave ; les allongements dans tous les sens ne doivent pas produire de déchirure. }

Essais de cintrage (M. Barba).

Désignation des administra-tions	Désignation des pièces		Diamètre d'enroulement	Conditions de recette	Observations
Artillerie de terre (1ᵉʳ juillet 1887)	Fers d'arse-naux {	Fers puddlés ordinai-res pour cercles de roues { plats de 16ᵐ/ₘ et au-dessous. .	260 à 300ᵐ/ₘ.	Ni criques ni gerçures	
		plats de 17 à 25ᵐ/ₘ	500.		
		plats de plus de 25ᵐ/ₘ . . .	800.		
	Fers puddlés communs pour fûts métalliques .		Moitié celui du fût.	Idem.	
Compagnie du Midi (24 mars 1886)	Fers ronds pour rivets		1,2 le diamètre du rond.	Idem.	L'éprouvette a 200 de longueur.

Essais de rivetage (M. Barba).

Désignation des administrations	Désignation des pièces	Figure de l'essai	Conditions de recette
Artillerie de terre (1er juillet 1887)	Tôles striées	On rive à froid deux tôles (surfaces lisses en contact) avec des rivets de 5 à 6·/m.	Pas de fente dans les tôles.
Compagnie de l'Est (avril 1892)	Fers à rivets, qualité *fer de Suède* . . .		Les têtes des rivets doivent être obtenues sans criques ni gerçures.

Essais de poinçonnage (M. Barba).

Désignation des administrations	Désignation des pièces	Eprouvettes	Figure de l'essai	Subdivisions	Conditions de recette	
Compagnie de l'Ouest	Tôles de fer	Bandes de 200/60 prélevées en long et en travers.		Qualité n° 6, *fine au bois* . . .	Diamètre agrandi jusqu'à 28$^{m/m}$.	Sans criques
				Qualité n° 5, *fer fort supérieur*.	Diamètre agrandi jusqu'à 23$^{m/m}$.	
	Fers cornières. N° 4 «fer fort ».	»		De 30 à 40$^{m/m}$ de côté	$d = 10$	Agrandissement de 20 p. 0/0 sans criques ni fentes.
				De 40 à 50$^{m/m}$ de côté	$d = 15$	
				De 50 à 60$^{m/m}$ de côté	$d = 18$	
				Supérieures à 60$^{m/m}$	$d = 20$	

Essais de torsion. — Ils s'exécutent surtout pour les fils métalliques.

Essais de fragilité. — On les fait avec le mouton pendule Charpy, Russell ou avec les moutons Frémont, Barba, Le Blant, Le Chatelier.

Essais à la bille de Brinell. — On mesure l'empreinte faite par une bille de 10 mm. de diamètre soumise à une pression variable (3.000 kg. en France) sur le métal à expérimenter. Le diamètre de cette empreinte mesure la dureté du métal (voir le tableau pages 144-145).

En outre des essais précédents qui ne peuvent s'effectuer qu'avec le concours d'appareils spéciaux, il y a des essais plus simples que font sur place les contremaîtres et qui donnent d'excellentes indications sur la qualité du métal. Ce sont les *essais de fabrication.*

Ces essais consistent surtout en façonnage à froid et en façonnage à chaud.

Dans la catégorie des essais de façonnage à froid rentrent les épreuves suivantes :

Elargissement au mandrin. — Cet essai s'effectue sur des éprouvettes ou sur les pièces finies. L'épreuve sur éprouvettes se fait sur trous forés ou poinçonnés soit au marteau à devant, soit au pilon, à l'aide de mandrins de 1/10 de conicité. L'épreuve sur pièces finies (frettes, tubes résistants, moyeux de roues, etc.) met en évidence les défauts locaux.

Emboutissage. — Cet essai se pratique surtout sur les métaux doux, les tôles minces de fer ou d'acier. Il s'exécute au moyen d'une presse hydraulique à manomètre mesurant l'effort développé pour obtenir avec un mandrin un creux de diamètre et de profondeur déterminés (voir les tableaux page 146).

Aplatissement et écrasement. — On pratique sur les métaux mous, fers ou aciers (rivets) un aplatissement avec un marteau ou un pilon. On note le rapport de la surface élargie à la surface initiale ou la réduction de hauteur d'un rond de certain diamètre avant qu'il y ait déchirure.

Essais de pliage

Désignation des administrations	Désignation des pièces	Eprouvettes		
		Mode de prise	Préparation	Dimensions en millimètres
Bureau Veritas	Pièces en acier forgé.	Dans les pièces, et autant que possible, à l'extrémité près de la masselotte.	Chauffées au rouge sombre et plongées brusquem¹ dans l'eau à 28°.	Long. : 250 m/m. Section: 800 m/m²
	Pièces en acier coulé.	»	»	Section: 880 m/m²
Compagnie Paris-Orléans — Tôles de fer	Puddlées P. O. 1.	Dans les chutes.	Naturelles	Largeur: 50 m/m
	Corroyées P. O. 2.	Idem . . .	Idem . .	Idem . . . .
	Fines P. O. 3. .	Idem . . .	Idem . .	Idem . . . . .
	Qualité au bois P. O. 4 . . .	Idem . . .	Idem . .	Idem . . . .
Tôles d'acier	Doux P. O. 3 .	Idem . . .	Idem . .	Idem . . .
	Demi-doux P. O. 4.	Idem . . .	Idem . .	Idem . . . .
	Très-doux P. O 2. Extra-doux P. O. 1.	Idem . . .	Trempées	Idem . . . . .

... à froid (M. Barba).

| Subdivisions | Premier pliage | | | | Conditions de recette |
| | Angles intérieurs | | Rayon de l'arrondi | | |
	Sens du laminage	Travers du laminage	Sens du laminage	Travers du laminage	
»	90°	»	$38^{m}/_{m}$	»	Pas de fracture ni de gerçure.
Lorsque R $\leq$ 55k. .	90	»	40	»	Idem.
Lorsque R $=$ 60k. .	45	»	40	»	Idem.
De $3^{m}/_{m}$ et au-dessous.	90	»	2,5 e	»	Ni crique ni gerçure.
Idem	45	45°	2,5 e	5 e	idem.
De $3^{m}/_{m}$ et au-dessous.	0	0	2,5 e	5 e	Idem.
Au-dessus de $3^{m}/_{m}$.	90	90	2 e	4 e	Idem.
De $3^{m}/_{m}$ et au-dessous.	0	0	0,5 e	e	Idem.
Au-dessus de $3^{m}/_{m}$.	0	0	2 e	4 e	Idem.
De $3^{m}/_{m}$ et au-dessous.	0	0	0	0	Idem.
Au-dessus de $3^{m}/_{m}$.	0	0	2 e	2 e	Idem.
De $3^{m}/_{m}$ et au-dessous.	0	0	2 e	2 e	Idem.
De $3^{m}/_{m}$ et au-dessous	0	»	0	»	Id. Pliage double.
Au-dessus de $3^{m}/_{m}$.	0	0	0	0	Id. Pliage simple.

Essais de crochets (M. Barba).

Désignation des administt'ations	Désignation des pièces		Préparation des éprouvettes	Dimensions des éprouvettes	1er angle de pliage	Minimum de redressements	Observations
Compagnie de l'Est (avril 1892)	Fers de forge	Qualité à rivets.	Forgées et chauffées au blanc soudant.	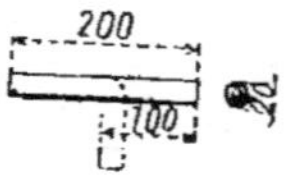	90	20	En une seule chaude.
		1re qualité.	Idem		90	10	
		2e —	Idem		90	8	
		3e —	Idem		90	6	
		4e —	Idem		90	4	

Dans la catégorie des essais de façonnage à chaud on effectue :

Essai de crochets. — On détache un morceau de la pièce, on le forge en un rond de 20 mm. de diamètre pour le fer et de 16 mm. pour l'acier. On chauffe ce rond au rouge à température convenable sur 0 m. 50 au plus puis, au moyen d'un étau et d'un marteau on le plie à 90°. puis on le redresse, on le replie et on le redresse à nouveau jusqu'à rupture.

On fait l'essai en une seule chaude. Quelquefois on ne pousse pas jusqu'à la rupture.

Rabattement et perçage avec rabattement. — Essai spécial aux métaux misés. On chauffe au rouge-cerise clair ou blanc de lune le métal misé en barrette plate dans laquelle on fait ensuite une eu deux entailles avec une tranche. On rabat les deux lames extrêmes sur chaque côté de la barrette et la lame centrale, s'il y en a une, sur le plat de la barrette. Avec des fers de qualité supérieure, cette épreuve faite en une seule chaude ne doit pas laisser de déchirures. Avec des fers de qualité moyenne, la même épreuve se fait en deux chaudes (voir les tableaux pages 154 à 157).

Quand on fait en plus un ou deux trous au poinçon et qu'après avoir chauffé la barre comme précédemment au cerise très clair on rabat les lames de la barrette au rouge sombre en les pliant à bloc autour du diamètre du ou des trous percés. on a effectué un perçage avec rabattement. Il ne doit s'être produit aucune crique, déchirure ou des soudure.

Pliage, emboutissage et soudure. — Ces essais s'effectuent sur des barrettes de dimensions fixées d'après la nature et l'épaisseur des tôles qu'il s'agit d'éprouver.

On fait aussi quelquefois l'essai du double pliage ou en mouchoir de poche sur un fragment de tôle carré ayant un côté égal à vingt fois son épaisseur. Il ne doit en résulter ni criques ni gerçures (voir les tableaux pages 160 à 163).

Essais de perçage

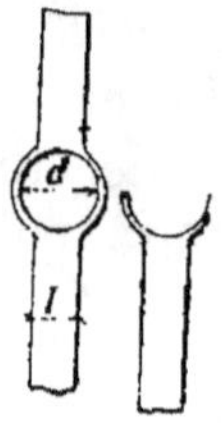

Fig. 1.

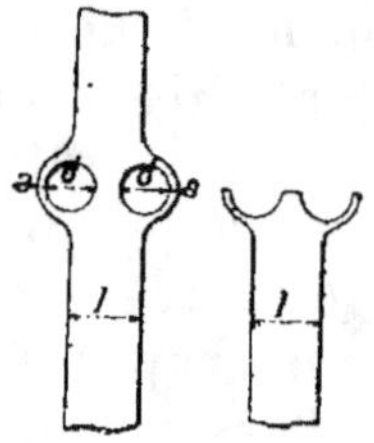

Fig. 3.

Désignation des administrations	Désignation des pièces			
Artillerie de terre (1er juillet 1887)	Fers d'arsenaux	Fers puddlés de 1re qualité, fers forts supérieurs 1er choix	Plats	de moins de 40m/m . .
				de 40m/m et au-dessus .
			Carrés	de 60m/m et au dessous.
				de plus de 60m/m . .
			Ronds.	
		Fers puddlés ordinaires	Plats	
			Carrés	de 60m/m et au-dessous.
				de plus de 60m/m . .
			Ronds.	
	Fers pour rivets, boulons et écrous.			
	Tôles de fer au bois	De 5 à 8m/m exclusivement.		
		De 8 à 10m/m inclusivement.		

(M. Barba).

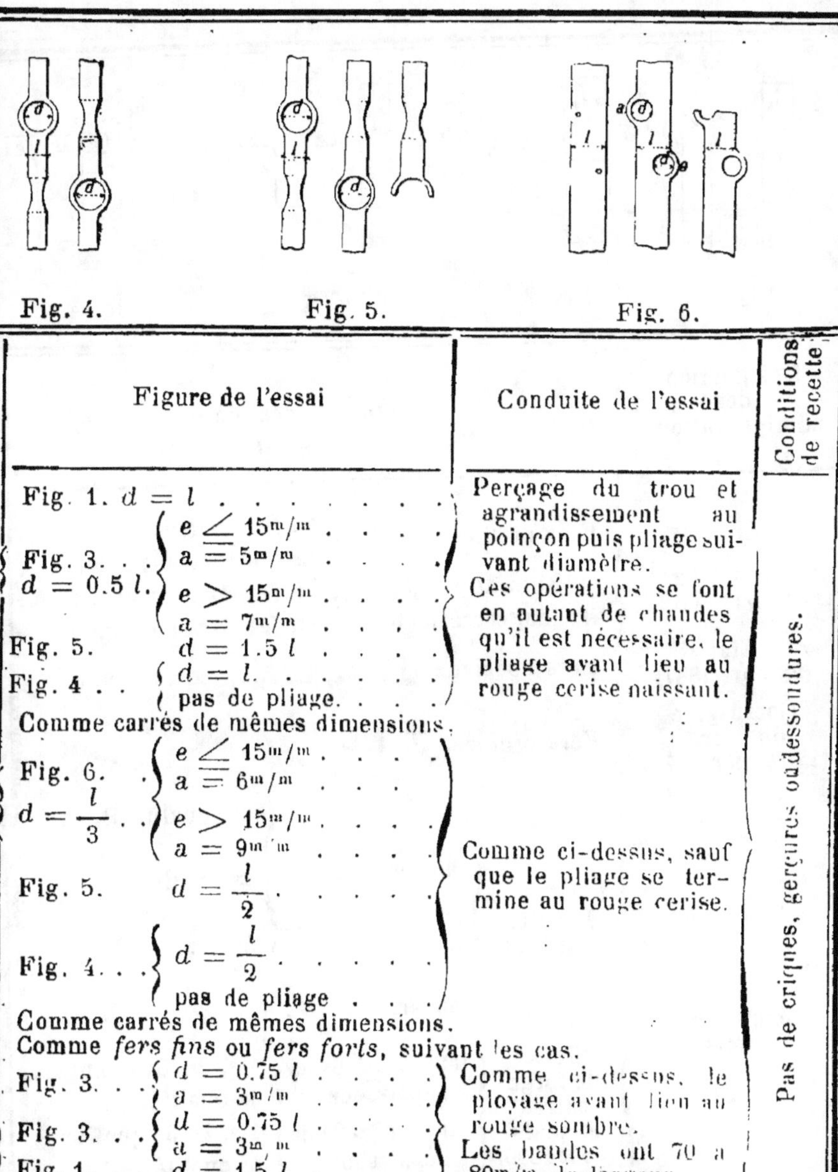

Fig. 4. Fig. 5. Fig. 6.

Figure de l'essai	Conduite de l'essai	Conditions de recette
Fig. 1. $d = l$	Perçage du trou et agrandissement au poinçon puis pliage suivant diamètre.	Pas de criques, gerçures ou dessoudures.
Fig. 3. . . $\begin{cases} e \leq 15^{m/m}\\ a = 5^{m/m} \end{cases}$ $d = 0.5\,l.$ $\begin{cases} e > 15^{m/m}\\ a = 7^{m/m} \end{cases}$	Ces opérations se font en autant de chaudes qu'il est nécessaire, le pliage ayant lieu au rouge cerise naissant.	
Fig. 5. $d = 1.5\,l$ . . .		
Fig. 4 . . $\begin{cases} d = l. \\ \text{pas de pliage. . . .} \end{cases}$		
Comme carrés de mêmes dimensions.		
Fig. 6. $\begin{cases} e \leq 15^{m/m}\\ a = 6^{m/m} \end{cases}$ $d = \dfrac{l}{3}$ . . $\begin{cases} e > 15^{m/m}\\ a = 9^{m/m} \end{cases}$	Comme ci-dessus, sauf que le pliage se termine au rouge cerise.	
Fig. 5. $d = \dfrac{l}{2}$ . . .		
Fig. 4 . . . $\begin{cases} d = \dfrac{l}{2} . . . . \\ \text{pas de pliage . . .} \end{cases}$		
Comme carrés de mêmes dimensions.		
Comme *fers fins* ou *fers forts*, suivant les cas.		
Fig. 3. . . $\begin{cases} d = 0.75\,l . . . \\ a = 3^{m/m} . . . \end{cases}$	Comme ci-dessus, le ployage ayant lieu au rouge sombre.	
Fig. 3. . . $\begin{cases} d = 0.75\,l . . . \\ a = 3^{m/m} . . . \end{cases}$	Les bandes ont 70 à 80$^{m/m}$ de largeur.	
Fig. 1. . . $d = 1,5\,l$ . . .		

Essais de rabattement

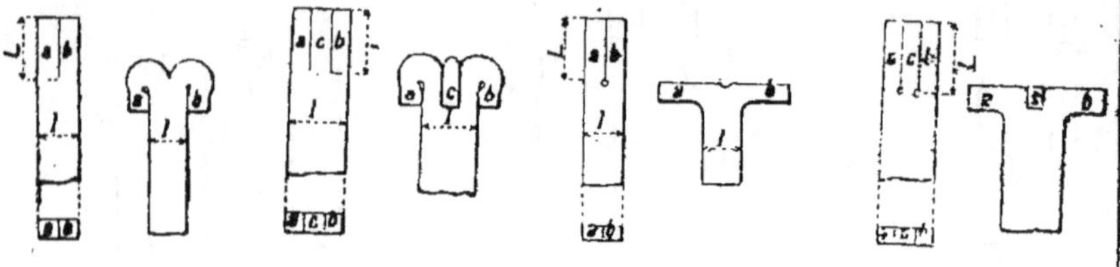

Fig. 1. Fg. 2. Fig. 3. Fig. 4.

Désignation des administrations	Désignation des pièces
Compagnie P.-L.-M. (Matériel fixe) (Octobre 1891)	Fers profilés ⊔ I { en *fer ordinaire* . .
	Fers profilés ⊔ I { en *fer fort supérieur*.
	Fers de forge, ronds, carrés, etc. { en *fer ordinaire* . .
	Fers de forge, ronds, carrés, etc. { en *fer fort supérieur*.
Etat (28 nov. 1887)	Fers spéciaux ⊥, I, ⊔. . . . . . .
Compagnie du Nord (12 février 1891)	Fers profilés, I ⊔. . . . .
Compagnie de l'Est	Profilés (mai 1891) { en fer . . . { 1re qualité B, .
	Profilés (mai 1891) { en fer . . . { 2e qualité S . .
	Profilés (mai 1891) { en fer . . . { 3e qualité O . .
	Profilés (mai 1891) { en acier. . . . .
	Fers de forge carrés et plats (août 1890) { largeur ≦ 8 fois l'épaisseur. { 1re, 2e, 3e qualités .
	Fers de forge carrés et plats (août 1890) { largeur ≦ 8 fois l'épaisseur. { 4e qualité. . . .
	Fers de forge carrés et plats (août 1890) { largeur > 8 fois l'épaisseur. { 1re, 2e, 3e qualités .
	Fers de forge carrés et plats (août 1890) { largeur > 8 fois l'épaisseur. { 4e qualité. . . .

…t chaud (M. Barba).

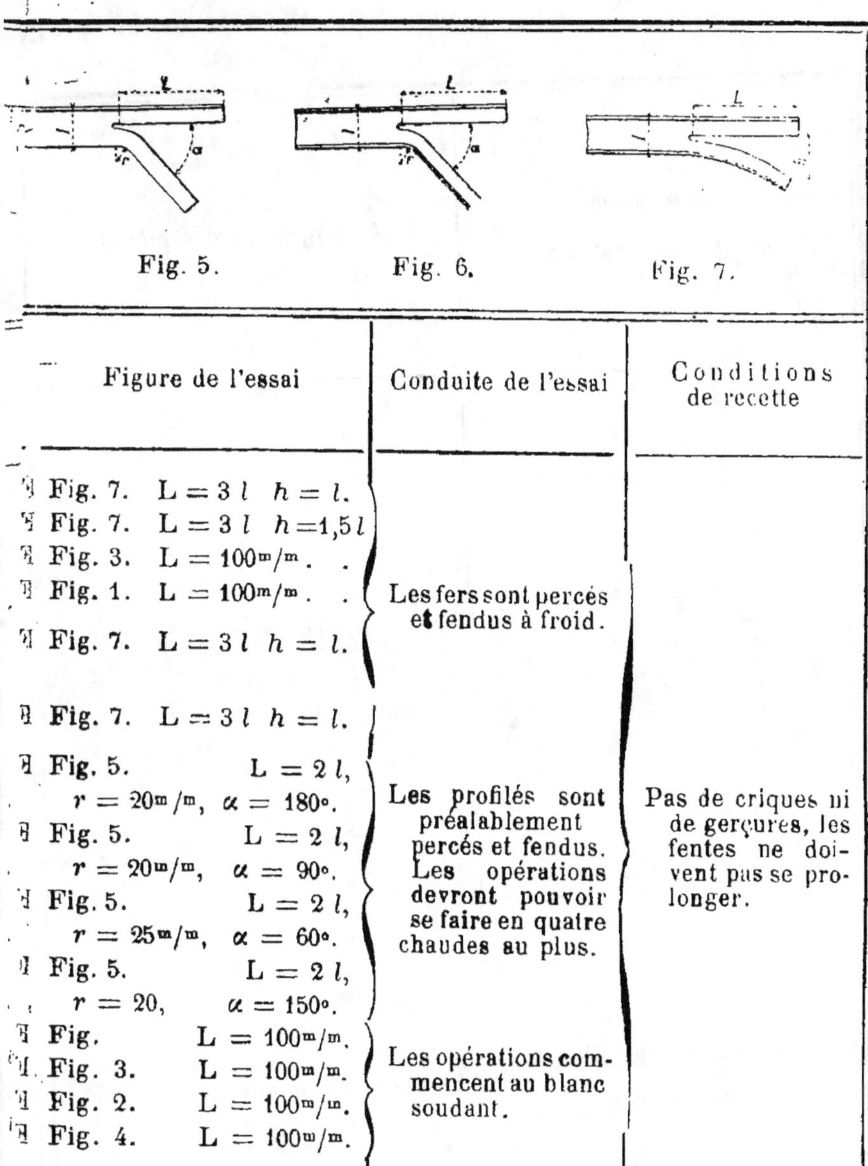

Fig. 5.	Fig. 6.	Fig. 7.

Figure de l'essai	Conduite de l'essai	Conditions de recette
Fig. 7. $L = 3\,l$ $h = l$.		
Fig. 7. $L = 3\,l$ $h = 1,5\,l$		
Fig. 3. $L = 100^{m/m}$. .		
Fig. 1. $L = 100^{m/m}$. .	Les fers sont percés et fendus à froid.	
Fig. 7. $L = 3\,l$ $h = l$.		
Fig. 7. $L = 3\,l$ $h = l$.		
Fig. 5. $L = 2\,l$, $r = 20^{m/m}$, $\alpha = 180°$.	Les profilés sont préalablement percés et fendus. Les opérations devront pouvoir se faire en quatre chaudes au plus.	Pas de criques ni de gerçures, les fentes ne doivent pas se prolonger.
Fig. 5. $L = 2\,l$, $r = 20^{m/m}$, $\alpha = 90°$.		
Fig. 5. $L = 2\,l$, $r = 25^{m/m}$, $\alpha = 60°$.		
Fig. 5. $L = 2\,l$, $r = 20$, $\alpha = 150°$.		
Fig. $L = 100^{m/m}$.	Les opérations commencent au blanc soudant.	
Fig. 3. $L = 100^{m/m}$.		
Fig. 2. $L = 100^{m/m}$.		
Fig. 4. $L = 100^{m/m}$.		

Désignation des administrations	Désignation des pièces
Artillerie de terre (1er juillet 1887).	Fers pour rivets . . . .
Compagnie de l'Est (mai 1892).	Fers à rivets, qualité *fer de Suède*.

Barba).

Figure de l'essai	Conditions de recette
Section à chaud de rivets à tête plate.	Sans criques ni gerçures.
Mise en place de rivets 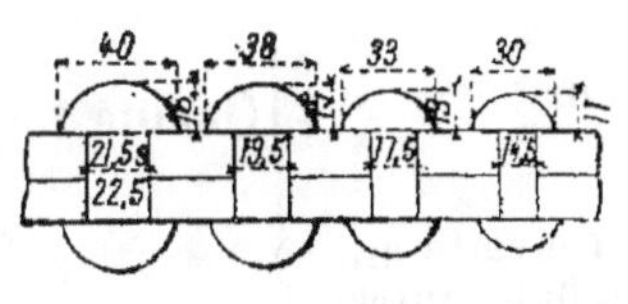	Après refroidissement on chasse un coin entre les deux rivets. Pas de cassure dans la tête ou dans la tige, avant que le rivet n'ait pris un allongement minimum de 20 p. 0/0.
	Les têtes des rivets doivent être obtenues sans criques ni gerçures.

Essais de pli[...]

Désignation des administrations	Désignation des pièces	Éprouvettes — Mode de prise	Subdivisio[...]
Etat (28 nov. 1887).	Fers spéciaux. — Cornières . .	Dans un bout de cornière . .	1re catégorie[...] 2e — 3o —
Compagnie du Midi	Fers laminés. .	Dans un bout de barre . . .	Section cylind[...] — rectangu[...]
	Cornières pour chaudières . .	Idem	Qualité No 4
	Ronds pour rivets	Eprouvette qui a subi le cintrage à froid . . .	»

chaud (M. Barba).

Premier pliage			Second pliage		Conditions
Angles intérieurs — Sens du laminage	Rayon de l'arrondi	Angle intérieur après redressement	Angles intérieurs — Sens du laminage	Travers du laminage	de recette
90°	0	»	»	»	}
45	0	»	»	»	Ni crique, ni gerçure, ni dessoudure.
30	0	»	»	»	
0	1,5 D	180°	0°	1,5 D	Ni crique ni gerçure.
0	1,75 e	180	0	1,75 e	Idem.
0	0	»	145	0	Ni crique, ni gerçure, ni dessoudure.
0	0	»	»	»	Idem. (au rouge cerise clair).

Essais d'emboutissage (M. Barba).

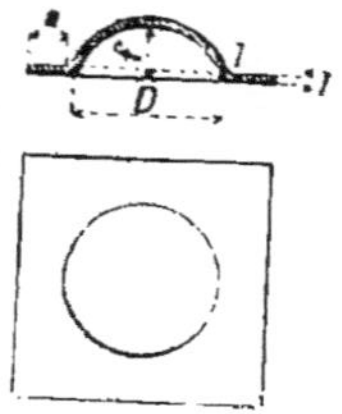

Fig. 1.

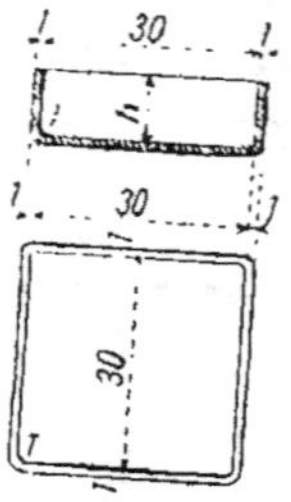

Fig. 2.

Désignation des administrations	Désignation des pièces			Figure de l'essai	Conditions de recette
Artillerie de terre (1er juillet 1887)	Tôles de fer	Tôle en bois, de 3 à 10$^{m/m}$ inclusivement.		Fig. 1. D = 30 f = 15 a = 7.	Il ne doit se produire ni fentes, ni gerçures, ni dédoublures.
		Tôles puddlées	communes.	Fig. 2. h = 7.	
			ordinaires .	Fig. 1. D = 30 f = 5 a = 7.	
			supérieures.	Fig. 1. D = 30 f = 10 a = 7.	
			fines. . .	Fig. 1. D = 30 f = 15 a = 7.	

Essais de soudure (M. Barba).

Désignation des administrations	Désignation des pièces	Conduite de l'essai	Conditions de recette
Etat (28 nov. 1887)	Fers de forge : 1re catégorie ; 2e — ; 3e — ; 4e —	Après avoir tronçonné un certain nombre de barres en leur milieu, on réunira les deux bouts par une bonne soudure. On fera ensuite des barreaux contenant la soudure qu'on soumettra à l'essai de traction.	R = 33k A = 19,5 — 32 — 17,5 — 29,5 — 12,5 — 27 — 7,5
Compagnie de l'Est (août 1890)	Fers de forge autres que ceux désignés ci-après : 1° Plats de 9$^{m/m}$ et au-dessous. 2° Carrés, ronds, ou demi-ronds dont la section est inférieure à 200$^{m/m2}$	Les morceaux de barres pour l'essai sont tronçonnés en leur milieu, et les deux parties sont réunies bout à bout par une soudure, par une amorce et par chaude portée. Chaque soudure est obtenue au moyen de deux chaudes : une chaude suante et une chaude de ressuée. L'éprouvette pour les essais de traction doit avoir sa soudure comprise entre les points de repère servant à mesurer l'allongement.	Les résultats ne doivent pas être inférieurs de plus de 5 p. 0/0 pour R et de 25 p 0/0 pour A, aux conditions fixées pour les éprouvettes ordinaires.

Essais de cintr

Désignation des administrations	Désignation des pièces	Figure de l'ess
Compagnie du Nord (12 février 1891)	Fers. Cornières	
Compagnie de l'Ouest	Cornières et fers à $\perp$ . . .	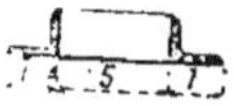 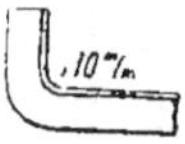
Compagnie de l'Est	Tôles de fer communes . . . (juin 1891).	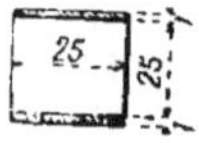
	Profilés (mai 1891) en fer	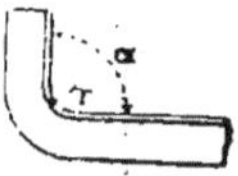
	en acier	

Barba).

Subdivisions	Conditions de recette	Observations
. . . .		
er fort, qualité 4.		
qualité T, n° 2.	Ni fentes ni gerçures.	
qualité B $\quad \alpha = 0^\circ \quad r = 20$		
qualité S $\quad \alpha = 90^\circ \quad r = 20$		Au rouge cerise et en quatre chaudes au plus.
qualité O $\quad \alpha = 120^\circ \quad r = 25$		
$\alpha = 30^\circ \quad r = 20$		

Essai macroscopique.

Pour effectuer cet essai, on prélève dans la pièce métallique une éprouvette ayant une épaisseur de 10 millimètres. On dresse l'une des faces que l'on polit d'abord avec du papier émeri, de plus en plus fin, puis avec du rouge d'Angleterre. On plonge ensuite tout l'échantillon brusquement la face polie au-dessus dans une cuvette contenant un réactif tel que celui qui est préconisé par le professeur Heyn (solution de 1 gr. de chlorure cuivreux

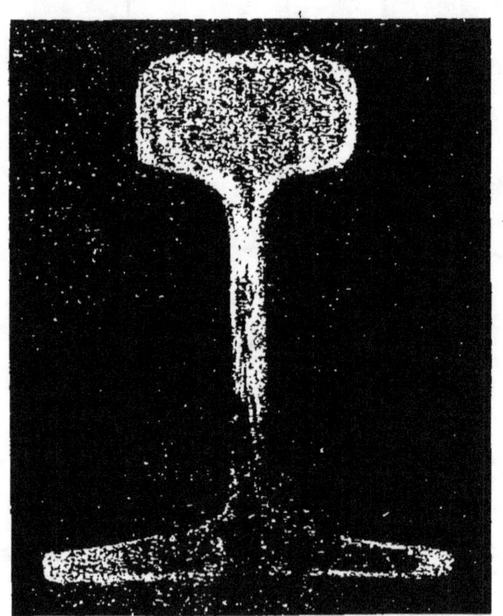

(Fig. 21. — Essai macroscopique d'un rail
attaqué par le chlorure cuivreux ammoniacal).

ammoniacal dans 12 grammes d'eau). Il faut surtout éviter la formation de bulles d'air. On laisse l'échantillon pendant une minute puis on le retire. La surface du métal

s'est recouverte d'un dépôt rouge de cuivre qu'on enlève
aussitôt par un lavage à l'eau et un frottement avec un
tampon d'ouate. On sèche rapidement. On constate alors
la formation d'un dessin plus ou moins tourmenté analogue à celui de la figure 21 qui représente un rail de
chemin de fer attaqué par ce procédé. Dans cette figure
on voit une partie centrale (ou noyau) plus foncée que la
partie extérieure (bords). Elle correspond à une teneur
de 0,15 0/0 de phosphore tandis que la partie extérieure
n'en contient que 0,13 0/0. Le carbone colore aussi en

Fig. 22. — Essai macroscopique d'un rail
(attaque par l'acide chlorhydrique).

foncé les parties ferreuses en contenant, mais la coloration du carbone est noire tandis que celle due au phosphore tire sur le bronze.

D'après M. Heyn il est préférable de traiter le fer ou

l'acier par le réactif indiqué plus haut car un autre réactif donne un tout autre aspect duquel on ne peut guère tirer quelque renseignement utile. Ainsi le même rail attaqué par l'acide chlorhydrique donne des lignes de corrosion trop accentuées (figure 22).

Il convient cependant de citer encore le réactif ci-après :

Iode	10 gr.
Iodure de potassium . . .	20 —
Eau distillée.	100 —

Essai métallographique.

L'essai métallographique d'un métal ferreux comprend les cinq opérations suivantes :

1º La préparation de l'échantillon (cube de 10 à 15 millimètres d'arête, petit parallélipipède ou fragment présentant une partie plane et stable).

2º Le polissage d'abord sur du papier émeri dont le grain est de plus en plus fin, puis sur du drap, velours, flanelle ou feutre saupoudré de rouge d'Angleterre, d'alumine calcinée ou de talc. La surface polie ne doit plus laisser de rayure apparente même au microscope.

3º L'attaque de l'échantillon par un réactif convenable Les réactifs les plus employés sont :

L'acide azotique plus ou moins dilué (à 4, à 10 et à 20 0/0) ;

La teinture d'iode ;

Les réactifs de Kourbatoff :

a) Solution d'acide nitrique à 4 0/0 dans l'alcool isoamylique.

b) Solution à 4 0/0 d'acide nitrique dans l'alcool, 1 partie ; solution saturée de nitrophénol dans l'alcool, 3 parties.

Le réactif d'Ischewsky (acide picrique en solution dans l'alcool absolu).

4° La photographie de l'image.

5° L'analyse métallographique.

Pour ce genre d'essai un bon microscope est nécessaire. Le microscope de M. H. Le Chatelier est disposé pour cet usage.

Constituants de l'acier (métarals et agrégats).

Ferrite. — Fer pratiquement pur. Forme polyédrique et cubique. Moins de 0,5 de C.

Cémentite (de l'acier de cémentation Fe^3C). Aspect de lamelles plates curvilignes ou rectilignes, en groupes isolés ou en réseau polygonal. Se trouve dans les aciers, surtout dans ceux qui sont recuits.

Graphite. — Densité 2,25. Peut donner avec mélange oxydant, de l'oxyde graphitique.

Perlite. — Constituant binaire. Aspect nacré en lumière oblique. Fines lamelles parallèles. Composée de ferrite et cémentite, de cémentite et sorbite, de sorbite et ferrite.

Martensite. — Aiguilles ou fibres rectilignes parallèles aux trois côtés d'un triangle.

Troostite. — Liseré de largeur variable séparant la martensite de la perlite.

Austenite. — Parallélogrammes clairs à bords irréguliers. Solution de C et de fer γ.

Sorbite. — S'obtient en chauffant au-dessous du point critique A et en hâtant le refroidissement sans toutefois atteindre la trempe.

Trosto-sorbite. — Elle se présente en masse foncée irrégulière à contours rectilignes ou en forme de fer de lance. Elle accompagne l'austenite dans les trempes violentes.

Osmondite. — Etat intermédiaire entre la martensite (acier trempé) et la perlite (acier recuit).

Analyse métallographique.

I. Polissage-attaque (Sulfate de calcium précipité)		II. Attaque à la teinture d'iode	
Le constituant est coloré	Le constituant n'est pas coloré	Le constituant est coloré	Le constituant n'est pas coloré
Martensite	Ferrite	Sorbite	Ferrite
Troostite	Cémentite	Troostite	Cémentite
Sorbite	Martensite	Martensite	
	Austenite	Austenite	

Points critiques du fer pur.

Points critiques généraux		Points critiques obtenus		
		au refroidissement	à l'échauffement	
Point de Ball	1380°			
A₃	fer γ 850°	Ar₃	Ac₃	Le point A_3 est à la température de 850°.
A₂	fer β 740°	Ar₂	Ac₂	Le point A_2 est à la température de 740°.
A₁	β + α 690°	Ar₁	Ac₁	Le point A_1 est à la température de 690°.
Point de Roberts Austen	650°			
	fer α			

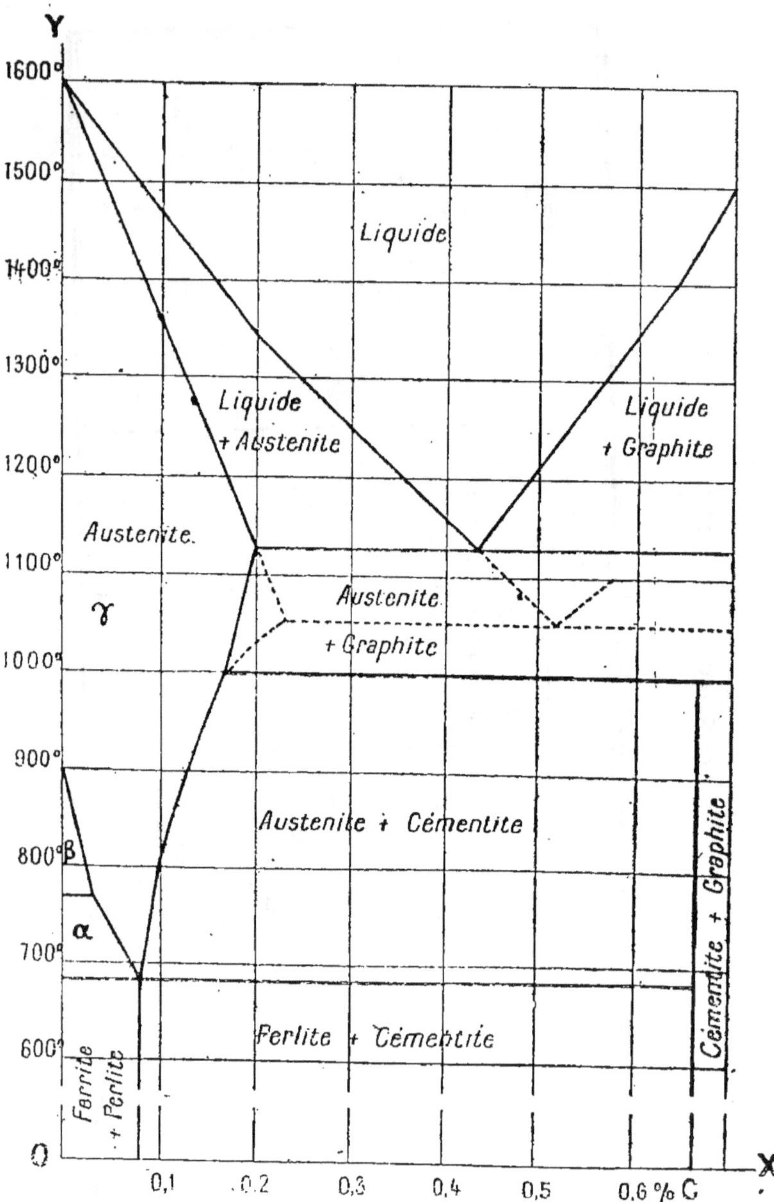

Diagramme de B. Roozeboom pour les alliages fer-carbone.
Abcisses : teneurs pour 100 en carbone.
Ordonnées : températures.

Diagramme de Roozeboom. — Le diagramme de Roozeboom rend compte des transformations allotropiques subies par l'acier et la fonte sous l'action de la température. Il détermine les conditions d'existence (température, concentration, pression) de chaque phase solide, liquide, gazeuse concernant deux ou plusieurs corps mis en présence. Les teneurs en carbone total du diagramme sont portées en abcisses ; les températures correspondantes aux divers états allotropiques sont portées en ordonnées.

Extrait du cahier des charges général du Ministère des Travaux publics (20 décembre 1904).

Art. 20. — *Fonte.* — La fonte devra être exclusivement de deuxième fusion et de la meilleure qualité ; elle présentera, dans sa cassure, un grain gris serré, régulier avec arrachements. Elle sera exempte de gerçures, gravelures, soufflures, gouttes froides et autres défauts susceptibles d'altérer sa résistance et la netteté de forme des pièces.

Sauf pour les pièces à couler en coquille, elle devra être à la fois douce et tenace, facile entamer au burin et à la lime, susceptible d'être refoulée au marteau. Toutes les pièces de fonte devront être soigneusement moulées sur modèles spéciaux à la charge de l'entrepreneur ; elles seront, après le moulage, ébarbées avec le plus grand soin au burin et à la lime.

Les trous de boulons ne devront pas venir de fonte mais être percés.

Les fontes devront résister aux essais suivants au choc et à la traction.

Essai au choc. — Les éprouvettes seront des barreaux de 0 m. 20 de longueur et de 0 m. 04 d'équarrissage. Une éprouvette, placée horizontalement sur deux couteaux en acier espacés de 0 m. 16, devra supporter, sans se rompre, le choc d'un mouton de 12 kilogrammes tombant librement d'une hauteur de 0 m. 40 au milieu de l'intervalle des points d'appui.

L'enclume supportant les couteaux présentera un poids d'au moins 800 kilogrammes.

Essai à la traction — Les éprouvettes seront des barreaux ronds ayant 600 millimètres carrés de section, soit un diamètre de 27 mm. 64, sur une longueur de 200 millimètres. Une éprouvette devra supporter, sans se rompre, un effort de traction de 9.000 kilogrammes, soit 15 kilogrammes par millimètre carré.

Si, dans les essais, une éprouvette, ne présentant pas de défaut local apparent, ne remplit pas les conditions prescrites, toutes les pièces venant de la même coulée pourront être refusées sans autre examen. Si une éprouvette présentant un défaut local apparent vient à se rompre, on fera l'essai de deux nouvelles éprouvettes, et si l'une d'elles vient à se rompre, le refus de la coulée sera définitif.

Les pièces et les éprouvettes provenant d'une coulée porteront, venu de fonte, le numéro de cette coulée. Les éprouvettes seront, de plus, poinçonnées à la marque de l'Administration.

Le représentant de l'Administration pourra assister à a coulée des pièces et déterminer le moment où les éprouvettes devront être fondues.

Art. 21. — *Fers.* — Tous les fers seront bien corroyés, doux, non cassants, malléables à froid, nerveux, d'un grain homogène, sans pailles, gerçures, brûlures ni autres défauts.

Les tôles, fers profilés et larges plats seront, en outre, parfaitement laminés, soudés et calibrés. On refusera les pièces qui se fendront ou s'ouvriront sous le poinçon, ou qui se déchireront quand on voudra les courber, infléchir ou entailler.

Dans le travail de la machine à percer, de la machine à

raboter ou de la cisaille, les fers devront présenter dans leur tranche une coupe grasse.

Essais. — Des essais à froid serviront à vérifier la résistance des fers à la rupture et leur faculté d'allongement. Ils seront faits dans les conditions suivantes :

Pour les tôles, fers profilés et larges plats, les éprouvettes seront des barrettes découpées dans un certain nombre de pièces prises au hasard dans chaque livraison ; ces barrettes seront façonnées de manière que la partie prismatique sur laquelle sera mesuré l'allongement ait toujours une longueur de 0 m. 20, se raccorde avec les extrémités de l'éprouvette par des congés de 0 m. 10 de rayon au moins, et présente une section rectangulaire dont l'un des côtés aura 0 m. 030 de largeur, et l'autre l'épaisseur de la pièce. Par exception, pour les tôles minces au-dessous de 0 m. 005 et pour les cornières de moins de 0 m. 05 de côté, la largeur de la barrette d'essai sera réduite à 0 m. 020.

On aura soin pour les tôles, d'expérimenter un nombre égal de barrettes dans le sens du laminage et dans le sens perpendiculaire.

On considérera comme larges plats les tôles d'une largeur inférieure à 0 m. 50.

Pour les fers forgés, les éprouvettes seront des barres prismatiques de 0 m² 000600 de section et de 0 m. 20 de longueur, ou des barres cylindriques tournées dont la partie sur laquelle sera mesuré l'allongement aura une longueur égale à huit fois le diamètre, sans pourtant être inférieure à 0 m. 10.

Les éprouvettes seront soumises, au moyen de poids agissant directement ou par l'intermédiaire de leviers tarés avec soin, à des efforts de traction croissant progressivement jusqu'à ce que la rupture ait lieu.

Les résultats obtenus devront être au moins égaux à ceux du tableau suivant :

Désignation des fers	Charge minimum de rupture par mm² de section	Allongement minimum de rupture
	kilogr.	pour 100
Tôles { en long	32	8
en travers	28	3,5
Fers profilés et larges-plats	32	8
Fers forgés { ordinaires	30	9
forts	32	15
forts supérieurs. . . .	36	20

La limite d'élasticité sera comprise entre la moitié et les deux tiers de la charge de rupture.

Rivets. — Les rivets seront en fer fort supérieur. Ce fer sera ductile et tenace et présentera, sous le rapport du nerf, de la finesse et de la propreté, toutes les apparences du fer le plus résistant. Il devra, en outre des essais prescrits pour les fers forgés, être capable de supporter l'épreuve suivante : on prendra, dans les tiges destinées à la confection des rivets, des bouts de 20 centimètres (0 m. 20) de longueur, et on les enfoncera dans des blocs de bois de chêne préalablement percés pour les recevoir ; on les frappera latéralement sur la partie supérieure, de manière à les infléchir sous un angle de 45°, et on les redressera ; on répétera une seconde fois le même essai ; il ne devra se produire ni cassure, ni crique, ni détérioration quelconque.

Les rivets devront être obtenus en un seul coup de la machine à étamper, sans que le fer ait été surchauffé ou brûlé. Les têtes seront bien centrées et d'équerre à la tige ; celle-ci sera droite et d'un diamètre uniforme, avec une tolérance de 1 millimètre au plus sous la tête.

Pour vérifier si le fer est propre à la rivure, on posera à chaud un certain nombre de rivets : le fer devra s'étaler bien uniformément en forme de tête sans se fendiller. La rivure faite, les têtes ne devront pas se détacher quels que soient les chocs auxquels on soumettra les tôles autour des rivets.

Boulons. — Les boulons sont en fer fort supérieur, capable de résister aux mêmes essais que le fer pour rivets. Les boulons seront parfaitement calibrés. Les têtes seront refoulées dans la masse et non rapportées. On n'admettra pas les écrous qui seraient découpés dans des plates-bandes laminées.

Le taraudage des boulons et des écrous devra être net, soigné et bien uniforme. Les boulons dont le filet serait égrené seront refusés.

Les boulons servant à l'assemblage des métaux entre eux seront tournés sur toute leur étendue. Les boulons servant à assembler les charpentes auront la tête carrée et une rondelle sous l'écrou.

Les rondelles seront parfaitement unies, planes et sans bavures.

Art. 22. — *Acier.* — Les pièces laminées seront exactement calibrées, exemptes de pailles, soufflures, criques ou gerçures ; les tranches cisaillées à froid devront être grasses et unies, sans déchirures ni éclats de métal.

On refusera les pièces qui se fendront ou s'ouvriront sous le poinçon, qui se déchireront ou donneront des criques quand on voudra les courber, ployer ou cisailler, ou y exécuter un travail quelconque de forage ou de rivure.

Essais de traction. — Les prescriptions relatives au nombre, au choix et à la façon des éprouvettes de fer sont applicables à l'acier.

Les résultats obtenus devront être au moins égaux à ceux du tableau suivant :

Désignation des pièces	Charge minimum de rupture par mm² de section	Allongement minimum de rupture
	kilogr.	pour 100
Tôles { en long		
en travers		
Barres profilées en long	42	22
Larges-plats en long	38	28
Barres pour rivets		

La limite d'élasticité sera comprise entre la moitié et les deux tiers de la charge de rupture.

Essais de ployage. — Des barrettes de 0 m. 20 de longueur et de 0 m. 03 de largeur, découpées dans une partie quelconque d'une pièce d'acier, soit avant, soit après un travail quelconque de cisaillement, forgeage ou rivure, devront pouvoir être ployées à froid par le milieu, de telle sorte que les deux bouts viennent se toucher et que le plus grand écartement entre les deux faces extérieures de la barrette ployée soit réduit à trois fois son épaisseur, sans présenter de traces de criques.

Essais de trempe. — Des barrettes semblables, chauffées au rouge cerise un peu sombre, puis trempées dans un volume important d'eau à 28° devront pouvoir supporter les mêmes épreuves, sans présenter de traces de criques.

Essais de ployage sur trous poinçonnés. — Des barrettes de 0 m. 20 de longueur et de 0 m. 06 de largeur seront, avant découpage, poinçonnées en leur milieu d'un trou de 0 m. 02 de diamètre ; elles devront ensuite être ployées à froid d'un angle de 45° sans présenter de traces de criques.

Prescriptions spéciales aux rivets. — Les rivets d'acier seront fabriqués comme les rivets de fer.

Afin de s'assurer de la malléabilité de l'acier pour rivets, des morceaux de barres ayant une longueur double du diamètre, et chauffés uniformément jusqu'à la température de l'emploi, seront frappés debout et réduits au tiers de leur longueur. Il ne devra pas, dans ce travail, se produire de fissure.

Pour vérifier si le métal est propre à la rivure on recourra aux mêmes épreuves que pour les rivets en fer.

Art. 23. — *Nombre maximum d'essais.* — *Dispenses de certains essais.* — *Substitution ou addition éventuelle d'autres essais.* — Le devis particulier indique le nombre maximum des essais de chaque espèce.

Il désigne ceux des essais prévus par les articles 20, 21 et 22 qui ne seront pas exigés eu égard à la nature et à l'importance des ouvrages à construire.

Il indique, s'il y a lieu, d'autres essais qui pourront être éventuellement substitués ou ajoutés à ceux prévus aux articles 20, 21 et 22.

LAVAL. — IMPRIMERIE L. BARNÉOUD ET Cⁱᵉ.

Essais de traction

Produits spéciaux (d'après M. Barba).

Désignation des administrations	Désignation des pièces	Éprouvettes — Mode de prise	Éprouvettes — Préparation	Éprouvettes — Dimensions en millimètres	Subdivisions	Résistance par m/m² — Minima	Résistance par m/m² — Moyenne	Allongement p. 0/0 — Minimum	Allongement p. 0/0 — Moyenne	A + R	Tolérances	Observations
Compagnie de l'Est	Essieux de locomotives (août 1887) — Droits.	Dans un tronçon de l'essieu essayé au choc, à 100m/m au moins de la section de rupture (portées de calage et fusées exceptées).	Tournées	$D = 5$ à $9^{m/m}$ $L = 100^{m/m}$ 10 à 14 130 15 à 19 170 19 à 25 200	»	»	50k	»	16	66	Tolérances en moins : 3 k. sur R et 3 p. 0/0 sur A, à condition que R + A soit constant. Tolérance en plus : 5 k. sur R.	Les éprouvettes seront prismatiques quand on ne pourra pas prélever à la fois, dans chaque évidement des coudes, deux éprouvettes cylindriques de traction et une éprouvette carrée de 30/30 pour essai de pliage.
	Coudés	Dans l'évidement du coude de chaque manivelle.	Découpées à froid	e L l L' $5^{m/m}$ et au-dessous . 100 5,5 à 11 . 130 } 20 200 11,5 à 17 . 170 17,5 à 23 . 200 23,5 à 29 . 280 } 30 300 29,5 et au-dessus . 300	»	»	40	»	18	58	Idem.	
	Essieux pour voitures et wagons (février 1888).	Dans l'une et l'autre portée de calage de l'essieu essayé au choc.	Tournées	$D = 15$ à 19 excl^t $L = 170$ 19 à 25 200	»	»	45 à 55	»	20	70		
	Pièces en acier moulé pour locomotives (mai 1891).	Dans une pièce. Dans un append.	Découpées à froid	$L' = 200$ $l = 20$ $L^2 = 100$ — Pièces pesant moins de 40 k. Pièces pesant plus de 40 k.	»	30k 38	35 40	2 6	3 8			
	Bandages, machines et wagons (septembre 1890).	Dans le sens du laminage et après l'essai au choc.	Tournées		»	55	»	18	»			

| Conditions de recette | | | | | Tolérances | Observations |
| Résistance par $^m/_{m^2}$ | | Allongement p. 0/0 | | | | |
Minima	Moyenne	Minimum	Moyenne	A + R		
»	50k	»	16	66	Tolérances en moins : 3 k. sur R et 3 p. 0/0 sur A, à condition que R : A soit constant. Tolérance en plus : 5 k. sur R.	
»	40	»	18	58	Idem.	Les éprouvettes seront prismatiques quand on ne pourra pas prélever à la fois, dans chaque évidement des condes, deux éprouvettes cylindriques de traction et une éprouvette carrée de 30/30 pour essai de pliage.
»	45 à 55	»	20	70		
30k	35	2	3			
38	40	6	8			
55	»	18	»			

103